本书的视频制作得到了"乡村振兴战略下'三农'融合出版探索"项目的资助

扫码看视频·病虫害绿色防控系列

苹果病虫害绿色防控彩色图谱

全国农业技术推广服务中心　组编

闫文涛　仇贵生　主编

中国农业出版社
北　京

图书在版编目（CIP）数据

苹果病虫害绿色防控彩色图谱／闫文涛，仇贵生主编．—北京：中国农业出版社，2020.12
（扫码看视频·病虫害绿色防控系列）
ISBN 978-7-109-27409-9

Ⅰ.①苹…　Ⅱ.①闫…②仇…　Ⅲ.①苹果-病虫害防治-图谱　Ⅳ.①S436.611-64

中国版本图书馆CIP数据核字（2020）第188317号

PINGGUO BINGCHONGHAI LÜSE FANGKONG CAISE TUPU

中国农业出版社出版
地址：北京市朝阳区麦子店街18号楼
邮编：100125
责任编辑：谢志新　郭晨茜　王　凯
责任校对：吴丽婷
印刷：中农印务有限公司
版次：2020年12月第1版
印次：2020年12月北京第1次印刷
发行：新华书店北京发行所
开本：880mm×1230mm　1/32
印张：3.75
字数：100千字
定价：30.00元

编委会
EDITORIAL BOARD

前言
CONTENTS

　　苹果是重要的经济水果品种之一。据统计，2018年，我国苹果的种植面积达到222.04万公顷，产量4 139.5万吨。鲜食苹果由于具有形态美观、风味佳、营养价值高等特点而深受广大消费者的喜爱。苹果经过加工，可以形成附加值更高、口味醇美的果脯、罐头和果汁等，大大提升了苹果产业的经济效益。近年来，随着种植业结构的调整和苹果产业的快速发展，在许多地区发展苹果产业已经成为农民增收致富的重要途径。然而，由于种植面积扩大、品种更替、栽培技术升级换代等原因，苹果病虫害的种类也在逐渐发生变化或部分病虫害呈逐渐加重趋势。为了提升我国苹果病虫害绿色防控水平，科学解决生产中病虫害防治难题，使广大果农和农技人员能够对病虫害快速识别、高效防治，最终实现苹果生产由数量型向质量型、安全型转变。我们以图文并茂外加短视频的形式编写了《苹果病虫害绿色防控彩色图谱》。

　　全书分为病害、虫害与绿色防控技术三部分，介绍了23种病害，19种虫害，以及多种绿色防控技术，以图文结合的形式进行论述，精选了病害与虫害的识别图片，并配以短视频讲解，是一本可遇不可求的精品。

　　病虫害化学防治农药品种选择，我们以2019年国家卫生健康委员会、农业农村部和国家市场监督管理总局联合发布的《食品安全国家标准　食品中农药最大残留量》(GB 2763—2019) 的要求为参考。所涉及推荐农药的使用浓度和使用量，会由于苹果品种、栽培方式、地域生态环境差异等因素的影响产生一定的差异。在实际使用过程中，应以所购买产品的使用说明书为准，或咨询当地技术人员。

　　本书的编写得到了中国农业科学院果树研究所、中国农业科学院植物保护研究所、辽宁省果树科学研究所、山西农业大学植物保护学院、河北省农林科学院植物保护研究所等单位有关专家的大力支持与指导，在此表示诚挚的谢意。同时，感谢国家重点研发计划项目 (2106YFD0201111、2017YFD0200300) 的支持。

　　我国幅员辽阔，苹果种植分布广，不同地域之间环境差异大，加之编者的研究所获、生产实践经验及所积累的技术资料有限，书中不免有遗漏、不妥之处，恳请有关专家和广大读者批评指正，以便今后不断修改、完善，在此深表谢意。

编　者

2020年10月

说明：本书文字内容编写和视频制作时间不同步，两者若有表述不一致，以本书文字内容为准。

目 录
CONTENTS

PART 3　绿色防控技术

PART 1
病　害

苹果斑点落叶病 ·····················

苹果斑点
落叶病

田间症状 主要为害叶片，尤其是展叶中后期病部常被其他真菌腐生，变为灰白色，中间长出黑色小点（为腐生菌的分生孢子器），叶龄20天内的嫩叶易受侵染；有时为害叶柄。一年生枝条及果实的各个阶段，叶正面染病初期出现褐色圆形斑，病斑周围常有紫色晕圈，边缘清晰（图1）；随着病情发展，病斑扩大，变为深褐色，数个病斑融合呈不规则状（图2），空气潮湿时病斑产生分生孢子梗和分生孢子，之后病斑脱落，在叶片上留下孔洞。夏、秋两季高温多雨，病原菌繁殖量大，发病周期短，秋梢部位叶片病斑扩展迅速（图3），叶片的一部分或大部分变为褐色，呈现不规则大斑，染病叶片脱落或自叶柄病斑处折断（图4）。

图1 叶片发病初期

图2 圆形病斑融合成不规则病斑

图3 叶片发病中后期

图4 叶片脱落

发生特点

病害类型	真菌性病害
病原	链格孢苹果专化型（*Alternaria alternata* f. sp. *mali* Roberts），属于半知菌门丝孢纲丝孢目
越冬场所	病原菌以菌丝体在被害叶、枝条上越冬
传播途径	通过气流及风雨传播，直接从叶片气孔进行侵染
发病原因	春季干旱发生期推迟、高温多雨、树势衰弱、通风透光不良、地势低洼、地下水位高、叶片患有苹果黄叶病、枝叶细嫩
病害循环	越冬病原菌翌年产生分生孢子。潜育期很短，1～2天后发病，之后再循环侵染，幼嫩叶片容易受害。每年有春梢期（5月初至6月中旬）和秋梢期（8～9月）两个为害高峰

病害循环图：初期症状 → 后期症状 → 病原菌越冬 → 分生孢子 → 健康叶片

防治适期　苹果斑点落叶病的流行与叶龄、降雨及空气相对湿度关系密切。防治苹果斑点落叶病的重点时期是发病前期及中期，降雨多的年份提早施药，重点保护早期叶片。感病品种控制病叶率在10%以下，平均每叶病斑数1～2个时开始施药，能明显减轻病害发生和为害。

防治措施　苹果斑点落叶病的防治关键，是在搞好果园管理的基础上立足于早期药剂防治。春梢期防治病原菌侵染，减少园内菌量；秋梢期防止病害扩散蔓延，避免造成早期落叶。

（1）**加强栽培管理**　夏季及时剪除徒长枝，减少后期侵染源，改善果园通透性，地势低洼、水位高的果园要注意排水，降低果园湿度。合理施肥，增强树势，有助于提高树体的抗病力。秋、冬季彻底清除果园内的落叶，清除树上病枝、病叶，集中烧毁或深埋，并于果树发芽前喷布3～5波美度的石硫合剂，以减少初侵染源。

（2）**化学药剂防治**　该方法是有效控制苹果斑点落叶病为害的主要措施。关键要抓住两个为害高峰：春梢期从落花后即开始喷药（严重地区花朵呈铃铛形时喷第1次药），10天左右1次，需喷药3次左右；秋梢期根据降雨情况在雨季及时喷药保护，一般喷药2次左右即可控制该病为害（元帅系品种需喷药2～3次）。常用药剂有30%戊唑·多菌灵悬浮剂1 000～1 200倍液、10%多抗霉素可湿性粉剂1 000～1 500倍液、25%戊唑醇水乳剂2 000～2 500倍液、80%代森锰锌可湿性粉剂800～1 000倍液、45%异菌脲悬浮剂1 000～1 500倍液、10%苯醚甲环唑水分散粒剂1 500～2 000倍液、50%异菌脲可湿性粉剂1 000～1 200倍液等。尽量于春梢前中期、秋梢前中期交替用药，效果较好，施药间隔期一般10～20天，喷施药剂3～4次，多雨年份适当增加用药次数。尽量选择耐雨水冲刷的药剂，在雨前喷施保护性药剂，雨后及时喷施治疗性药剂，对此病害防治效果较好。

易混淆病害　苹果斑点落叶病与苹果褐斑病和苹果炭疽叶枯病症状容易混淆，可从以下几点加以区分：

①苹果斑点落叶病通常容易侵染春梢和秋梢的幼嫩叶片，病斑初期为圆形，边缘清晰，病斑周缘有紫红色晕圈，而苹果褐斑病通常发生在树冠下层叶片上，病斑形状不规则，边缘不清晰，周缘有绿色晕圈。

②天气潮湿时苹果斑点落叶病正反面可见墨绿色霉状物，发病中后期，病斑变成灰色，受侵染叶片始终为绿色，而褐斑病发生后期叶片通常变为黄色，苹果炭疽叶枯病发生后期整个叶片呈火燎状。

苹果褐斑病

田间症状　褐斑病主要为害叶片，造成早期落叶，有时也可为害果实。叶片发病后的主要症状特点：病斑中部褐色，边缘绿色，外围变黄，病斑上产生许多小黑点，病叶极易脱落。褐斑病在叶片上的症状特点可分为三种类型。

（1）**轮纹型**　发病初期，叶片正面可见黄褐色小点，逐渐扩大成褐色不规则病斑，外围带绿色晕圈，中央出现呈同心轮纹排列的黑色小点（分生孢子盘）；背面中央暗褐色，四周浅褐色，无明显边缘（图5、图6）。

图5　轮纹型褐斑病发病初期　　　　　　　图6　轮纹型病斑

（2）**针芒型**　病斑呈针芒放射状向外扩展，无固定形状，边缘不定，病斑小且多，常遍布整个叶片。后期叶片渐黄，但病部周围及背部仍保持绿褐色（图7）。

（3）**混合型**　病斑较大，不规则，其上有黑色小粒点。病斑暗褐色，后期中心转为灰白色，有的边缘仍为绿色（图8）。

图7　针芒型病斑　　　　　　　　图8　混合型病斑

　　三种病斑的共同特点是发病后期叶片变黄，但病斑周围仍保持绿色并形成晕圈，病叶易脱落，尤其是风雨之后常有病叶大量脱落现象（图9）。

　　苹果褐斑病病原菌可侵染果实，染病果实的表面前期出现淡褐色小斑点，逐渐扩大成为圆形或者不规则形褐色斑，凹陷，果面有黑色小粒点，病部果肉变为褐色，呈海绵状干腐（图10）。

图9　苹果褐斑病落叶

图10　褐色病果呈海绵状干腐

发生特点

病害类型	真菌性病害
病原	病原有性世代为苹果双壳菌（*Diplocarpon mali* Harada et Sawamura），属子囊菌门；无性世代为苹果盘二孢[*Marssonina mali* (P. Henn.) Ito.]，属半知菌门腔孢纲黑盘孢目盘二孢菌属
越冬场所	病原菌以菌丝、菌索、分生孢子盘或子囊盘在病叶上越冬
传播途径	通过风雨（雨滴飞溅为主）进行传播，直接侵染叶片为害
发病原因	潮湿多雨、树势衰弱、树冠郁闭、防治不及时易发病
病害循环	病原菌越冬后在翌年春季产生分生孢子和子囊孢子进行初侵染。潮湿是病原菌扩展及产生分生孢子的必要条件，子囊孢子多从叶片的气孔侵入，也可从伤口直接侵入。病原菌潜育期一般为5～12天，从侵入到病叶脱落需13～55天。所以，该病一般于5月中下旬至6月上旬开始发病，7月下旬至8月上旬进入发病盛期。发病严重的年份，8月中下旬开始落叶，9月大量落叶，至10月停止扩展

初期症状

健康叶片

后期症状

分生孢子

病原菌越冬

防治适期 苹果褐斑病病原菌自然条件下潜育期12天左右，病害的发生与降雨和温度关系密切。防治该病应从病害发生初期开始施药，间隔期10～14天，连续施药2～3次，同时多雨年份适当增加施药次数，干旱月份适当延长施药间隔期至10～25天，即可有效控制褐斑病的发展。

防治措施 防治策略应以化学防治为主，辅以清除落叶等农业防治措施。

（1）**清除菌源** 秋末冬初彻底清除落叶，剪除病梢，集中烧毁或深埋。在果树萌芽前结合苹果腐烂病和苹果轮纹病的防治，全园喷施3～5波美度的石硫合剂，以铲除越冬初侵染源。

（2）**加强栽培管理**　施用有机肥，增施磷、钾肥，避免偏施氮肥；合理疏果，避免环剥过度，增加树势，提高树体的抗病力；合理修剪，夏季及时剪除徒长枝，减少侵染源；合理排灌，及时排除树底积水，降低果园湿度等。

（3）**化学防治**　药剂防治的关键是首次喷药时间，应掌握在历年发病前10天左右开始喷药。春梢生长期施药2次，秋梢生长期施药1次。春雨早、雨量多的年份，适当提前首次喷药时间，春雨晚、雨量少的年份，可适当推迟施药。全年喷药次数应根据雨季长短和发病情况而定，一般来说，第1次施药后，每隔15天左右喷1次药，共喷3～4次。可选择药剂有50%异菌脲可湿性粉剂1 000倍液、1：2：（200～240）的波尔多液、30%吡唑醚菌酯悬浮剂5 000倍液、50%肟菌酯水分散粒剂7 000倍液、80%多菌灵可湿性粉剂1 000倍液、430克/升戊唑醇悬浮剂3 000倍液等，多种杀菌剂交替使用防效佳。喷药时尽量掌握在雨前进行，并选用耐雨水冲刷药剂，且喷药应均匀周到，特别要喷洒到树冠内膛及中下部叶片。

苹果炭疽病

田间症状　苹果炭疽病主要为害果实，也可侵染枝条和果台。果实发病初期，果面可见针头大小的淡褐色小斑点（图11），病斑圆形且边缘清晰，随着病情发展，病斑逐渐扩大成褐色或深褐色，表面出现略凹陷的同心轮纹斑（图12）。由病部纵向剖开，病部果肉自果面向果心呈漏斗状变褐腐烂，具苦味，与健果肉界限明显。病斑直径达到1～2厘米时，病斑中心开始出现稍隆起同心轮纹状排列的小粒点（分生孢子盘），粒点初为浅褐色，后期变黑色，并能很快突破表皮。遇降雨或天气潮湿时溢出绯红色黏液（分生孢子团）（图13）。条件合适时，病斑可扩展到果面的1/3～1/2，有时病斑相连可导致全果腐烂。果实腐烂失水后干缩成僵果，脱落或挂在树上。在运输或者储藏期间遇适宜条件病斑可迅速扩展。

图11　苹果炭疽病发病初期

图12　苹果炭疽病发病中期

图13　病斑上溢出绯红色黏液

发生特点

病害类型	真菌性病害
病原	病原菌为围小丛壳[*Glomerella cingulata* (Stoneman) Spauld et H. Schrenk]，属子囊菌门小丛壳属
越冬场所	病原菌以菌丝体、分生孢子盘在果树上的病果、僵果、果台、干枯的枝条及潜皮蛾为害的破伤枝条等处越冬，也可在刺槐上越冬
传播途径	借助雨水、昆虫传播，直接穿过表皮或通过皮孔、伤口侵入果实

（续）

发病原因	高温高湿、排水不良的黏土、洼地、树冠郁闭、日灼与虫伤造成伤口、以刺槐林作为防风林有利于发病
病害循环	病原菌自幼果期到成熟期均可侵染果实。在北方地区，侵染盛期一般从5月底到6月初开始，8月中下旬之后侵染减少。发病期一般从7月开始，8月中下旬之后开始进入发病盛期，采收前15～20天达到发病高峰 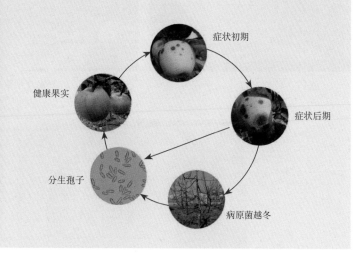

防治适期 早春萌芽前对树体喷施一次铲除剂，消灭越冬菌源。生长期施药应在花凋谢后7～10天开始。

防治措施 结合苹果其他病害的防治，在加强栽培管理的基础上，重点进行药剂防治和套袋保护。

（1）**加强栽培管理** 结合修剪，及时剪除枯枝、病虫枝、徒长枝和病果、僵果，集中销毁，以减少果园再侵染源。合理密植，配合中耕锄草等措施，改善果园通风透光条件，降低果园湿度。合理施用氮、磷、钾肥，增施有机肥，增强树势。合理灌溉，注意排水，避免雨季积水。果园周围避免以刺槐、核桃等病原菌的寄主作为防风林。

（2）**物理防治** 加强储藏期管理，入库前剔除病果，注意控制库内温度，特别是储藏后期温度升高时，加强检查，发现病果及时剔除。

（3）**化学防治** 由于苹果炭疽病的发病规律基本上与苹果果实轮纹病一致，且对两种病害有效的药剂种类也基本相同。苹果炭疽病发病较重的果园，可在早春萌芽前对树体喷施一次铲除剂，消灭越冬菌源，药剂可选用3～5波美度的石硫合剂或0.3%的五氯酚钠，两者混合使用效果更佳。生长期施药应在花凋谢后7～10天开始，每隔15天喷施1次药剂，连续喷施3～4次，晚熟品种可适当增加喷药次数。可用70%甲基硫菌灵可湿性粉剂800倍液、77%氢氧化铜可湿性粉剂600～800倍液、430克/升戊唑醇悬浮剂4 000倍液、50%多菌灵可湿性粉剂600倍液、80%代森锰锌可湿性粉剂800倍液，除此之外，咪鲜胺类杀菌剂对苹果炭疽病有特效。生产优质高档苹果的果园，幼果期或套袋前必须选用安全的农药。用刺槐作为防护林的果园，每次喷药应连同刺槐一起喷施。

易混淆病害 苹果炭疽病与苹果轮纹病的症状容易混淆，可从以下几点加以区分：

①苹果炭疽病病斑凹陷，边缘清晰，剖开果实后可见病斑下面果肉变褐色，呈锥形向果心腐烂，而苹果轮纹病病斑不凹陷，呈同心轮纹状。

②苹果炭疽病果实病斑发展后期可形成橙黄色的分生孢子堆，即为病原菌的繁殖体。

苹果轮纹病 ·······················

田间症状 枝干受害，当年生枝条皮孔稍隆起，在皮孔上形成圆形或扁圆形的红褐色瘤状物（图14），并以膨大隆起的皮孔为中心开始扩大，树皮下产生近圆形或不规则形的红褐色小斑点，稍深入白色的树皮中，病瘤边缘龟裂，与健康组织形成一道环沟。严重时，染病组织翘起如马鞍，许多病斑连在一起，造成树体表皮粗糙（图15、图16）。

苹果轮纹病

果实受害，近成熟期可见病斑，初期在皮孔周围形成褐色或黄褐色小斑点，随后向周围快速扩散。病斑扩大后有轮纹型、云斑型及硬痂型三种症状（图17、图18）。

（1）**轮纹型** 表面形成黄褐色与深褐色相间的圆形或近圆形同心轮纹，果肉褐色，渗出黄褐色液体，腐烂时果形不变。

（2）**云斑型** 形状不规则，呈黄褐色与深褐色交错的云形斑纹。果肉腐烂的范围大，流出茶褐色液体，有酸臭味。

（3）**硬痂型**　原发病点周围形成暗褐色硬痂，硬痂周围稍凹陷，外围病皮暗褐色，无明显同心轮纹，造成果实大量脱落。

叶片受害，产生褐色圆形或不规则具同心轮纹的病斑，严重时干枯早落。

图14　发病初期　　　　　　　　　　图15　发病后期

图16　幼枝枝干发病状

图17　果实被害状　　　　　　　　　图18　分生孢子器

发生特点

病害类型	真菌性病害
病原	子囊菌门葡萄座腔菌（*Botryosphaeria dothidea*），也是苹果干腐病的病原。苹果轮纹病和苹果干腐病是相同病原在不同环境条件下侵染寄主产生的不同症状类型。树势强时，多表现为病瘤症状，树体在干旱条件下表现为干腐症状
越冬场所	病原菌以菌丝、分生孢子器及子囊壳在病枝和枯死枝上越冬
传播途径	通过风雨传播
发病原因	降雨多、雨日多、雾露多、地势低洼、树势衰弱、管理不当、偏施氮肥、皮孔密度大、细胞结构疏松有利于病原菌侵染
病害循环	越冬病原菌在生长季产生大量分生孢子（灰白色黏液），从枝干的皮孔侵染为害。当年生病斑上一般不产生小黑点（分生孢子器）及分生孢子，但衰弱枝上的病斑可产生小黑点（但很难产生分生孢子）；病原菌通过风雨传播到果实上，从皮孔和气孔侵入为害，病原菌一般从苹果落花后7～10天开始侵染，直到皮孔封闭后结束。晚熟品种如富士皮孔封闭一般在8月底或9月上旬，病原菌侵染期可长达4个月。该病原菌具有潜伏侵染现象：幼果期开始侵染，侵染期很长。果实近成熟期开始发病，采收期严重发病，采收后继续发病。果实发病前病原菌即潜伏在皮孔（果点）内

苹果轮纹病病原

苹果轮纹病侵染循环

果实初期症状　枝条初期症状

健康果实

果实后期症状　枝条后期症状

分生孢子

病原菌越冬

防治适期 苹果露花至套袋前后施药，幼果期无雨年份可晚施药，控制施药间隔期7～10天，一般春季少雨年份喷施5～6次，多雨年份增加喷施次数至7～8次。

防治措施

（1）**农业防治** 加强果园水肥管理，增施有机肥；合理修剪、适时疏花疏果，防止大小年现象；及时清除枝干病斑，发芽前将枝干上的苹果轮纹病与苹果干腐病病斑刮干净并集中烧毁，减少初侵染源；为害严重的果园应推广使用果实套袋，套袋前喷施保护性药剂可有效降低果实轮纹病的发生（图19）；春季果树萌动至春梢停止生长时期，随时刮除树体主干和大枝上的轮纹病病瘤、病斑及干腐病病皮（图20），同时喷一次3～5波美度石硫合剂保护树体。

图20 轻刮树皮

图19 果实套袋

（2）**化学防治** 病瘤部位刮除后涂抹10%甲基硫菌灵15～25倍液，进行杀菌消毒，可促进病组织翘离和脱落；生长期喷施保护性杀菌剂一般从落花后10天开始，可用10%苯醚甲环唑水分散粒剂2 000～2 500倍液、80%代森锰锌800倍液、70%甲基硫菌灵可湿性粉剂800倍液、430克/升戊唑醇悬浮剂4 000倍液、50%多菌灵可湿性粉剂600倍液等药剂喷施，施药间隔期15～20天。采前喷施1～2次内吸性杀菌剂，采收后用仲丁胺200倍液浸果3～5分钟后储藏，可增加防治效果。

（3）**储藏管理**　储运前严格剔除病果及受其他损伤的果实，并用仲丁胺200倍液或咪鲜胺、噻菌灵、乙膦铝等浸果，晾干后低温储藏（0～2℃）。

苹果腐烂病 ·········

田间症状　该病按照病斑的表现类型可分为溃疡型和枝枯型两类。

（1）**溃疡型**　发病初期病部红褐色，常流出黄褐色汁液，树皮皮下组织松软，红褐色，有酒糟味。发病后期病部出现黑色小点（分生孢子器），雨后小黑点上可见有金黄色的丝状孢子角溢出（图21～图24）。

图21　溃疡型病斑

图22　皮下病健交界内部

图23　分生孢子器

图24　分生孢子角

（2）**枝枯型** 病部初始红褐色，略潮湿肿起，病斑很快变干、下陷，形成边缘不明显的不规则病斑，后期病部长出许多黑色小粒点（图25）。

图25　枝枯型症状

发生特点

病害类型	真菌性病害
病原	有性世代为苹果黑腐皮壳（*Valsa mali* Miyabe et Yamada），属子囊菌门黑腐皮壳属；无性世代为壳囊孢（*Cytospora mandshurica* Miura），属半知菌门壳囊孢属
越冬场所	病原菌主要以菌丝、分生孢子器和子囊壳在病皮内和病残株枝干上越冬
传播途径	借风雨和昆虫传播
发病原因	从剪口、锯口、冻伤、机械伤、虫伤、日灼伤以及果实采摘后留下的果痕伤口及衰弱组织部位侵入，潜伏侵染
病害循环	越冬病原菌可产生大量分生孢子（黄丝状物）。当树体抗病力降低时，潜伏病原菌开始扩展为害，逐渐形成病斑。在果园内，该病每年有两个为害高峰期，即春季高峰和秋季高峰。春季高峰主要发生在萌芽至开花阶段，该期内病斑扩展迅速，病组织较软，病斑典型，为害严重，病斑扩展占全年的70%～80%，新病斑出现占全年新病斑总数的60%～70%，是造成死枝、死树的重要为害时期。秋季高峰主要发生在果实迅速膨大期及花芽分化期，相对春季高峰规模较小，病斑扩展量占全年的10%～20%，新病斑出现数占全年的20%～30%，但该时期是病原菌侵染落皮层的重要时期

（续）

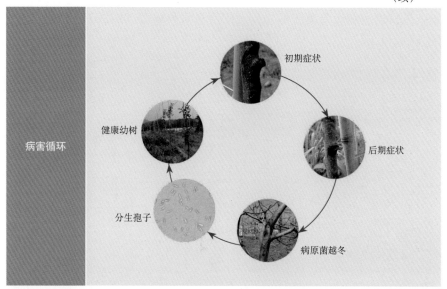

病害循环

初期症状

后期症状

病原菌越冬

分生孢子

健康幼树

【防治适期】 病原菌一般3～5月侵染，7～8月发病，早春为发病高峰期，晚春后树体抗病力增强，发病锐减。从2月上旬至5月下旬、8月下旬至9月上旬，定期检查，发现病疤及时刮治。病皮及时收起并带出果园烧毁。改冬剪为春剪，减少剪枝口冻伤，选择晴朗的天气进行，做好剪锯口保护工作。

【防治措施】 苹果腐烂病的防治以壮树防病为中心，以铲除树体潜伏病原菌为重点，以及时治疗病斑、减少和保护伤口、促进树势恢复等为基础。

（1）**加强栽培管理，提高树体的抗病能力** 实践证明，科学结果量（合理修剪控制负载量，克服大小年）、科学施肥（增施有机肥及农家肥，施入量占60%以上最佳，避免偏施氮肥，按比例施用氮、磷、钾、钙等速效化肥）、科学灌水（秋后控制浇水，减少冻害的发生；春季及时灌水抑制春季发病高峰）及促叶促根，可增强树势、提高树体抗病能力。

（2）**树体保护是预防此病的积极措施** 对于易发生冻害的地区，提倡秋季对树干及主枝向阳面涂白。春季发芽前树体喷3～5波美度的石硫合剂、430克/升戊唑醇3 000倍液、45%代森铵水剂300倍液等。

（3）**铲除树体菌源，减少潜伏侵染** 落皮层、皮下干斑及湿润坏死斑、病斑周围的干斑、树杈夹角皮下的褐色坏死点、各种伤口周围等，都是苹果腐烂病病原菌潜伏的场所，应及早清除病源（图26）；实行病疤桥接（图27）。

图26　剪口发生病害

图27　主枝桥接防治苹果腐烂病

　　（4）**病疤治疗**　该方法是目前防治此病的有效方法，是避免死枝死树的主要措施，目前生产上常用的治疗方法主要有刮治法、割治法和包泥法。病斑治疗的最佳时间为春季高峰期内，该阶段病斑既软又明显，易于操作。但总体而言应立足于及时发现、及时治疗，治早、治小。刮治法是用锋利的刮刀将病变皮层彻底刮掉，且病斑边缘还要刮除1厘米左右的组织，以确保彻底（图28）。割治法是用切割病斑的方法进

行治疗。先削去病斑周围表皮，找到病斑边缘，然后用刀沿边缘外1厘米处划一深达木质部的闭合刀口，再在病斑上纵向切割，间距0.5厘米。刮治和割治后需在病斑处涂药，常用涂抹药剂有腐殖酸铜、过氧乙酸、甲硫·萘乙酸、百菌清、843康复剂、树安康等，或相关

图28 规范刮治

治疗药剂与营养药剂的混剂。包泥法是在树下取泥土，然后在病斑上涂3～5厘米厚一层，外围超出病斑边缘4～5厘米，最后用塑料布包扎并用绳捆紧即可，3～4月后解除，采用包泥法处理泥要黏，包要严。

苹果干腐病

田间症状 苹果干腐病症状分为溃疡型和枝枯型（图29～图33）。

图29 幼树发病

图30 枝干溃疡型病斑

图31　侧枝发病

图32　发病盛期冒"油"

图33　发病后期

（1）**溃疡型**　病斑暗紫色或暗褐色，形状不规则，表面湿润，常溢出茶色黏液。病斑处皮层暗褐色，皮组织腐烂，较硬，不烂到木质部，无酒糟味。病斑失水后干枯凹陷，病健交界处常裂开，中部出现纵横裂纹，多个病斑合并，绕茎一周，使枝条枯死。发病后期病部出现小黑点，比苹果腐烂病小而密。

（2）**枝枯型**　发病枝条多在衰老树的上部，病斑最初为暗褐色或紫褐色的椭圆形斑，之后迅速扩展成凹陷的条斑，深达木质部，病斑上密生小黑点。果实发病与苹果轮纹病不易区别，统称为苹果轮纹烂果病。

发生特点

病害类型	真菌性病害
病原	葡萄座腔菌（*Botryosphaeria dothidea*），属子囊菌门
越冬场所	病原菌以菌丝体、分生孢子器及子囊壳及菌丝在枝干病部越冬
传播途径	通过风雨传播，从伤口、枯芽或皮孔侵入
发病原因	树势衰弱、管理不良、严重干旱或涝害、枝干伤口多、发生冻害、品种差异
病害循环	越冬病原菌翌年春天产生孢子进行侵染。苹果干腐病原菌具有潜伏特性，寄生力弱，只能侵染衰弱植株或移植后缓苗期的苗木。病原菌先在伤口组织上生长一段时间，再侵染活动组织。当树皮水分低于正常情况时，病原菌扩展迅速。苹果生长期都可发病，6～8月和10月为两个发病高峰 初期症状 后期症状 病原菌越冬 分生孢子 健康幼树

防治适期 晚秋、早春应检查幼树枝干、根颈部位，发现病斑应及时涂药防治。同时在栽植时严格剔除病苗，以春季喷铲除剂为主，然后刮治。

防治措施

（1）**加强管理** 增强树势，提高树体抗病力。改良土壤，增施有机肥、微生物肥及农家肥，科学施用氮肥，合理配方施肥；提高土壤保水保肥力，旱涝时及时灌排；科学控制结果量，增强树势，提高树体抗病能力；冬前及时树干涂白，防止冻害和日灼；及时防治各种枝干害虫；避免造成各种机械伤口，并对伤口涂药保护，防止病原菌侵染。

(2) **保持果园卫生，清除菌源** 结合修剪，彻底剪除枯死枝，集中销毁。发芽前喷施一次铲除性药剂，铲除或杀灭树体残余病原菌。常用有效药剂有3～5波美度的石硫合剂（图34）、45%代森铵水剂200～300倍、77%硫酸铜钙可湿性粉剂300～400倍液等。果园内不用病原菌的其他寄主

图34 喷石硫合剂保护树体

如梨树、蓝莓、杨柳等做撑棍，生长季内及时摘除病果，清除残枝。

(3) **彻底刮除病斑** 在发病初期，削掉变色的病部或病斑。主干、主枝病斑应及时进行治疗。具体方法参见苹果腐烂病病斑治疗部分。

(4) **化学防治** 落花后10天开始施药。可选用药剂有70%代森锰锌可湿性粉剂600～800倍、40%多菌灵胶悬剂800～1 000倍液、43%戊唑醇悬浮剂4 000倍液等。

易混淆病害 苹果干腐病与苹果腐烂病的症状容易混淆，可从以下几点加以区分：

①苹果干腐病病斑干枯，病斑暗紫色或者暗褐色，无酒糟味，而苹果腐烂病病组织松软，稍微隆起，有酒糟味。

②苹果干腐病病斑产生白色分生孢子角，而苹果腐烂病病斑可产生黄色分生孢子角。

苹果霉心病 ·····················

田间症状 病果外观常表现正常，与正常果实相比病果明显变轻。剖开病果，可见果实心室坏死变褐（图35），逐渐向外扩展腐烂（图36）。果心充满粉红色霉状物，也有的为灰绿色、黑褐色或白色霉状物，有时颜色各异的霉状物同时出现。病原菌突破心室壁扩展到心室外，引起果肉腐烂。苹果霉心病由霉心和心腐两

苹果霉心病

种症状构成，其中霉心症状为果心发霉，但果肉不腐烂；心腐症状不仅果心发霉，而且果肉也由内向外腐烂。

图35　果实心室坏死变褐

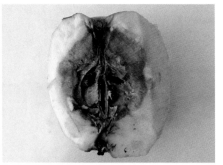

图36　果肉腐烂

发生特点

病害类型	真菌性病害
病原	苹果霉心病是由多种弱寄生菌混合侵染造成的，我国各省份报道的病原菌种类不完全一致，常见的有粉红单端孢[*Trichothecium roseum* (Bull.) Link]、链格孢[*Alternaria alternata* (Fr.) Keissl.]和串珠镰刀菌（*Fusarium moniliforme* Sheld）3种真菌。此外，在病果果心还分离到节孢状镰刀菌（*Fusarium arthrosporioides* Sherb.）、青霉（*Penicillium* sp.）、梭孢霉（*Fusidium* sp.）、拟青霉（*Paecilomyces* sp.）、棒盘孢（*Coryneum* sp.）、狭截盘多毛孢[*Truncatella angustata* (Pers.et Lk.) Hughes]、芽枝状枝孢[*Cladosporium cladosporioides* (Fres.) de Vries]、射线孢（*Asteroma* sp.）、盘明针孢（*Libertella* sp.）、球毛壳（*Chaetomium globosum* Kunze）、曲霉（*Aspergillus* sp.）以及多种镰刀菌（*Fusarium* spp.）等20多个属的真菌
越冬场所	病原菌在僵果、芽的鳞片间及坏死组织上越冬
传播途径	通过气流传播，在苹果花期由柱头侵入
发病原因	苹果霉心病的发生与苹果品种关系密切。果实萼口开，萼筒长，萼筒与心室相通的品种感病重，萼心闭、萼筒短、萼筒与心室不相通的品种则较为抗病。此外，降雨早、多，空气湿度大，果园地势低洼、郁闭、通风不良等均有利于果实发病

（续）

病害循环	春季病原菌的分生孢子经风雨传播，而在花芽越冬的病原菌无需传播便可侵染。病原菌是在花瓣张开后经花柱侵染，苹果发芽前花原始体不带菌。树体萌芽后，花序展开，花蕾快速被病原菌定殖，但花苞以内尚未暴露的花柱、花药几乎完全分离不出病原菌，即未受侵染。花瓣张开后，花柱、花药即开始带菌，随着暴露时间的延长带菌率迅速升高，直至落花期。苹果霉心病具有潜伏侵染的特点，即于花期侵染，多数在果实发育中后期发病。通常在6月下旬即可在果园发现苹果霉心病病果，果实发育后期发病逐渐增多，病果容易脱落

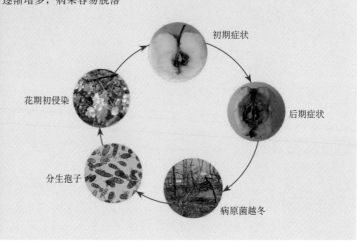

防治适期 苹果初花期、落花70%～80%是喷药关键时期，一般只在后一时期喷1次药即可，重病果园或感病品种则需前后期各喷一次，可有效减少苹果霉心病的发生。

防治措施

（1）**种植抗病品种** 北斗及元帅系品种高感苹果霉心病，富士系品种发病较轻。

（2）**清除菌源** 生长季节随时清除病果，秋末冬初彻底清除病果、僵果和病枯枝，集中烧毁。

（3）**药剂防治** 高效化学药剂是控制苹果霉心病的主要措施。在苹果萌芽之前，结合防治其他病害全园喷布3～5波美度石硫合剂加0.3%的80%五氯酚钠，铲除树体上越冬的病原菌。在初花期和落花70%～80%时喷施的常用杀菌剂有10%多抗霉素800～1 000倍液、50%异菌脲1 000～1 500倍液、80%代森锰锌可湿性粉剂600～800倍液、70%甲基硫菌灵可湿性粉剂800～1 000倍液等。如果坐果期需再喷1次杀菌剂，与终花期用药间隔为10～15天。套袋前避免施用乳油类药剂和波尔多液，以免污染幼果表面。如果不套袋，则在生长季节喷施杀菌剂。

（4）**加强储藏期管理**　果实采收后24小时内，果库温度应保持在0.5～1℃，相对湿度90%左右，防止苹果霉心病的扩展蔓延。

苹果白粉病 ···

田间症状　主要为害嫩枝、叶片、新梢，也为害花及幼果和芽。病部布满白粉是此病的主要特征。

苹果白粉病

幼苗被害，叶片及嫩茎上产生灰白色斑块，发病严重时叶片萎缩、卷曲、变褐、枯死，后期病部长出密集的小黑点（图37）。

大树被害，芽干瘪尖瘦，春季发芽晚，节间短，病叶狭长，质硬而脆，叶缘上卷，直立不伸展，新梢布满白粉。生长期健叶被害则凹凸不平，叶绿素浓淡不匀，病叶皱缩扭曲，甚至枯死（图38）。

图37　幼苗发病

图38　叶片发病后期

发生特点

病害类型	真菌性病害
病原	白叉丝单囊壳[*Podosphaera leucotricha* (EII. et Ev.) Salm.]，属子囊菌门核菌纲白粉菌目；无性世代为*Oidium* sp.，属半知菌门
越冬场所	病原菌以菌丝在芽内越冬
传播途径	通过气流传播
发病原因	偏施氮肥或钾肥不足、树冠郁闭、土壤黏重、积水过多，春季温暖干旱、多雨凉爽、秋季晴朗
病害循环	果园春季树体萌芽时，越冬菌丝迅速扩展，并产生大量分生孢子，侵染树体嫩叶、嫩梢、花器及果实。通过短时期多次侵染，产生大量分生孢子梗和分生孢子，在病部组织表面形成白粉。苹果白粉病通常在1年内春季和秋季形成2个发病高峰，其中春季至夏季为全年的主要发病时期和为害严重时期。对于北方过去而言，早春4月的降雨次数和降水量与本年度病害发生的严重程度高度相关。降雨多、空气湿度大的年度病害发生严重

发病症状

健康叶片

病原菌越冬

分生孢子

防治适期 防治关键时期在萌芽期和花前花后。

防治措施

（1）**加强果园管理** 采用配方施肥技术，增施有机肥及磷、钾肥，避免偏施氮肥。合理密植，及时修剪，控制灌水，创造不利于病害发生的条件。往年发病重的果园，开花前后及时巡回检查并剪除病梢，集中深埋或销毁，减少果园内菌量。

（2）**药剂防治** 一般果园在萌芽后开花前和落花后各喷药1次，可有效控制该病的发生；发生严重的果园，还需在落花后10～15天再喷药1次。常用的药剂有40%腈菌唑可湿性粉剂6 000～8 000倍液、10%苯醚甲环唑水分散粒剂2 000～3 000倍液、12.5%烯唑醇可湿性粉剂2 000～2 500倍液、25%戊唑醇水乳剂2 000～2 500倍液、25%乙嘧酚悬浮剂800～1 000倍液、4%四氟醚唑水乳剂600～800倍液、70%甲基硫菌灵可湿性粉剂800～1 000倍液、15%三唑酮可湿性粉剂1 000～1 200倍液等。

苹果锈病 ···

田间症状 可为害叶片、新梢、果实。叶片受害，在病部先出现橙黄色、油亮的小圆点。随着病情扩展，病斑中央颜色变深，长出许多小黑点并溢出透明液体。随着液滴干燥，性孢子变黑，病部组织增厚、肿胀（图39）。叶背面或果实病斑四周，长出黄褐色丛毛状物，俗称"羊胡子"，内有大量褐色粉末（图40）。

图39　叶片正面病斑

图40　叶背长出"羊胡子"

发生特点

病害类型	真菌性病害
病原	山田胶锈菌（*Gymnosporangium yamadai* Miyabe），属担子菌门
越冬场所	病原菌在桧柏小枝上，以菌丝体在菌瘿中越冬，翌年春天形成褐色冬孢子角

（续）

传播途径	通过风雨传播
发病原因	温暖多雨且有风、空气潮湿、品种差异、存在寄主桧柏
病害循环	苹果锈病病原菌是一种转主寄生菌，寄主主要是桧柏。雨后或空气极潮湿时，冬孢子角吸水膨胀，萌发产生大量担孢子，随风雨传播到苹果树上。侵染苹果叶片、叶柄及幼果，在病斑上形成性孢子和锈孢子，待锈孢子成熟后，再随风传到桧柏上，侵害桧柏枝条。桧柏的有无、多少和分布，3～4月降雨和气温，是决定苹果锈病发生和流行的主要因素 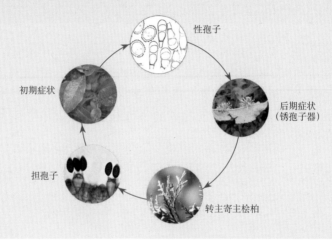

防治适期 自苹果展叶期开始，观察记录每次降雨情况，根据降雨期间的平均气温和降雨持续时间预测有无侵染，适时施药防治。

防治措施

（1）**铲除桧柏** 新建果园远离桧柏、龙柏等植物，保证果园与转主寄主间的距离不小于5千米。风景旅游区有桧柏的地方，不宜发展种植苹果。

（2）**转主寄主** 春季防治桧柏附近的果园，冬春应检查菌瘿、"胶花"是否出现，若有及时剪除，集中销毁。苹果发芽至幼果拇指大小时，在桧柏上喷3～5波美度石硫合剂或77%硫酸铜钙可湿性粉剂300～400倍液，全树喷施1～2次。

（3）**药剂防治** 往年苹果锈病发生严重的果园，在苹果展叶至开花前、落花后及落花后半月左右各喷1次药。特别是在4月中下旬有雨时，必须喷药。常用药剂有20%三唑铜（粉锈灵）可湿性粉剂1 000～1 500倍液、50%甲基硫菌灵可湿性粉剂600～800倍液、苯醚甲环唑2 000～2 500倍液、40%腈菌唑可湿性粉剂6 000～8 000倍液、25%戊唑醇水乳剂2 000～2 500倍液、500克/升多菌灵悬浮剂600～800倍液等。

易混淆病害　苹果锈病与苹果斑点落叶病、苹果褐斑病的症状容易混淆，可从以下几点加以区分：

①苹果锈病早期病斑呈油亮的小圆点，后期病斑中央颜色变深，形成小黑点并溢出透明液滴，而苹果斑点落叶病和苹果褐斑病病部周缘有晕圈。

②苹果锈病叶背面病斑四周长出黄褐色胡须状物即病原菌锈孢子器。

苹果炭疽叶枯病

田间症状　该病主要为害叶片，初期症状为黑色坏死病斑，病斑边缘模糊（图41、图42）。在高温高湿条件下，病斑扩展迅速，1～2天内可蔓延至整张叶片，使整张叶片变黑坏死。发病叶片失水后呈焦枯状，随后脱落。当环境条件不适宜时，病斑停止扩展，在叶片上形成大小不等的枯死斑，病斑周围的健康组织随后变黄，病重叶片很快脱落。当病斑较小、较多时，病叶的症状酷似褐斑病的症状。病原菌侵染果实后仅形成直径2～3毫米的圆形坏死斑，病斑凹陷，周围有红色晕圈，自然条件下果实上的病斑很少产孢，与常见的苹果炭疽病的症状明显不同（图43、图44）。果实受害，果面出现多个褐色凹陷病斑，病斑周围果面呈红色，病斑下果肉呈褐色海绵状，深约2毫米。

图41　田间症状

图42　感病叶片

图43　果实感病状　　　　　　　　图44　田间果实染病状

发生特点

病害类型	真菌性病害
病原	有性世代为子囊菌门围小丛壳（*Glomerella cingulata*）；无性世代为果生刺盘孢（*Colletotrichum fructicola*）和隐秘刺盘孢（*Colletotrichum aenigma*）
越冬场所	病原菌在僵果、病枝及落叶上越冬
传播途径	通过风雨传播
发病原因	气温适宜且连续阴雨、空气潮湿、品种差异
病害循环	苹果炭疽叶枯病越冬病原菌翌年气温适宜时遇有降雨，病部释放出分生孢子并开始侵染叶片。苹果炭疽叶枯病与雨水有直接关系，8～9月有连续阴雨时，病原菌有多次再侵染，病害发展迅速。苹果炭疽叶枯病在金冠、秦冠、嘎拉、乔纳金等品种上为害严重，富士上表现抗病 

防治适期 该病发生与7月降雨关系密切，随着降水量及次数增加而增重，因此7月间降雨后及时施药对控制7～9月间该病害的发生尤为重要。

防治措施

（1）**农业防治** 做好果园夏季排水，防止果园生理落叶；注意夏季修剪，避免树冠郁闭；注意冬春季节清扫果园、去除僵果等，减少果园带菌数量。

（2）**药剂防治** 结合其他果树病害的防治，施用50%吡唑醚菌酯3 000～5 000倍、代森锰锌600～800倍液、波尔多液1 000～1 500倍液等药剂对树体进行保护。发病初期，施用50%吡唑醚菌酯3 000～5 000倍液、咪鲜胺1 500～2 000倍液、代森锰锌600～800倍液等进行防治。对于10月大量落叶的果园，喷施波尔多液1 000～1 500倍液，翌年4月苹果萌芽前喷施药剂，铲除枝条和休眠芽上的越冬菌源。

易混淆病害 苹果炭疽叶枯病与苹果斑点落叶病、苹果褐斑病的症状容易混淆，可从以下几点加以区分：

①苹果炭疽叶枯病发生初期叶片上分布多个干枯病斑，病斑初期棕褐色，扩展极快，2～3天可导致全树叶片干枯脱落，而苹果斑点落叶病和苹果褐斑病发展速度相当慢。

②苹果炭疽叶枯病病斑多呈火燎状，病斑上无分生孢子盘，苹果斑点落叶病和苹果褐斑病病部上可形成黑色小颗粒，即病原菌子实体。

苹果黑点病

田间症状 苹果黑点病是果实套袋后出现的病害，主要为害成熟后期的苹果果实，影响外观和食用价值。其主要症状：在果实表面形成多个褐色或黑褐色的小斑点。斑点多发生于果实萼洼处，偶尔发生在果实胴部、肩部或梗洼处（图45）。斑点通常只局限发生在果实表皮，病原菌不侵染果肉内部，也不直接引起果实的腐烂，但严重影响果实外观和品质，不造成产量损失，但影响果品的市场价格。病斑发生初期呈针尖大小，逐渐扩展为小米粒大小，形状不规则，常几个至数十个，后期病斑连片形成较大病斑（图46）。

图45　套袋果实发病中期

图46　套袋果实后期症状

发生特点

病害类型	真菌性病害
病原	病原较为复杂，病原真菌如粉红单端孢（*Trictothecum roseum* Link.）、苹果茎点霉菌（*Phoma pomi* Pass）、链格孢菌（*Alternaria* spp.）和苹果柱盘孢菌（*Cylindrosporium pomi* Brooks）等被认为是引起该病的病原。但也有研究认为螨类、康氏粉蚧等害虫取食是诱发病害的原因
越冬场所	自然界
传播途径	通过气流和雨水传播
发病原因	果实套袋后高温高湿的环境，套袋前药剂预防不到位
病害循环	苹果黑点病多发生在套袋果实上，病原菌具有广泛的越冬场所，腐生性强，能抵抗不良的环境条件。春季病原菌在苹果落花后首先侵染果实的萼片和花器的残余组织，在萼洼处大量繁殖。果实发病程度随着果园海拔高度上升而减轻，同一果园树冠中部的果实发病最重。病害发生与果袋种类关系非常密切

防治适期　苹果黑点病是由于苹果套袋引起的果实病害，因此此病最关键的防治时期是在果实套袋前期。在北方果区5月底至6月初，根据天气及果实成熟情况适时喷施高效药剂，幼果期对果实进行药剂保护，做好预防工作是此病防控的关键所在。

防治措施

（1）**农业防治**　及时清理田间病株残体并捡拾发病果实，集中销毁。

（2）**药剂防治**　果树萌发前树体喷施5波美度石硫合剂或70%甲基硫

菌灵可湿性粉剂500倍液以清除菌源。北方果区如花期遇到雨水，可于落花后施药1次，可选用70%甲基硫菌灵可湿性粉剂1 000倍液、50%多菌灵可湿性粉剂800倍液或者50%异菌脲可湿性粉剂1 000倍液。也可以选择80%代森锰锌可湿性粉剂800倍液、43%戊唑醇悬浮剂4 000倍液或10%苯醚甲环唑水分散粒剂3 000倍液等。

（3）**果实套袋前喷洒保护剂**　套袋前3～5天内幼果表面应保证有药剂保护。果实套袋前可以选用的高效药剂主要有70%甲基硫菌灵可湿性粉剂1 000倍液、30%戊唑·多菌灵悬浮剂1 000倍液、80%代森锰锌可湿性粉剂800倍液或者43%戊唑醇悬浮剂4 000倍液。

（4）**其他措施**　多施用农家肥等有机肥，提高树体及果实抗病性。选择透气性强、遮光好、耐老化的优质果袋，在施药后1～2天内及时完成果实套袋。

易混淆病害　苹果黑点病是由于果实套袋产生的新型病害，与苹果果实轮纹病、苹果炭疽病等主要区别是病斑通常较小，而且不易扩展，形状不规则，不形成同心轮状纹，通常没有分生孢子附着于病斑的表面。苹果黑点病有时易与昆虫为害果实症状混淆，此时可通过观察症状，查看果实病斑上是否存在害虫分泌物或粪便等物质。

苹果煤污病 ···

田间症状　该病多发生在果皮外部，受害果实表面产生棕褐色或深褐色污斑，边缘不明显，似煤斑，菌丝层很薄，用手易擦去，常沿雨水流向发病，发生严重时，果面常布满煤污状斑（图47）。严重影响果实外观和果实着色。枝条发病，其表面散出绿色菌丛，削弱枝条生长势。该病也可为害叶片，症状同果实。

图47　发病果实症状

发生特点

病害类型	真菌性病害
病原	仁果黏壳孢[*Gloeodes pomigena* (Schw.) Colby]，属半知菌门
越冬场所	病原菌以菌丝和孢子器在一年生枝、果台、短果枝、顶芽、侧芽及树体表面等部位越冬
传播途径	通过风雨、昆虫传播
发病原因	高温多雨、树冠郁闭、管理粗放、防治不及时
病害循环	翌年春季菌丝和孢子侵染果树枝条、叶片和果实表皮，生产季节6月上旬至9月下旬均可发病。集中侵染发生于7月初至8月中旬，高温多雨季节病原菌繁殖速度较快，可多次再侵染。管理粗放、树冠郁闭的果园，防治不及时，可在半月之内达到果面污黑

防治适期 果实生长中后期，发病初期进行药剂防治效果较好。

防治措施

（1）**加强果园管理** 合理修剪，改善树体通风透光条件，雨季及时排除积水，注意中耕除草，降低果园内湿度，创造不利于病害发生的环境条件。实施果实套袋，有效阻断病原菌在果实表面附生。及时防治蚜虫、介壳虫等刺吸式口器害虫的为害，避免污染叶片，治虫防病。

（2）**药剂防治** 多雨年份及地势低洼果园（不套袋果），在果实生长中后期及时喷药保护果实，10～15天1次，喷药2次左右即可有效防治苹果煤污病为害。常用的药剂有77%氢氧化铜可湿性粉剂500倍液、75%百菌清可湿性粉剂800～900倍液、70%甲基硫菌灵可湿性粉剂1 000倍液、80%代森锰锌可湿性粉剂800～1 000倍液、10%多抗霉素可湿性粉剂1 000～1 500倍液、50%多菌灵悬浮剂600～800倍液、10%苯醚甲环唑水分散粒剂1 500～2 000倍液。在降水量大、雾露天多的平原、滨海果园以及通风不良的山沟果园，需加喷1～2次，可与防治苹果轮纹病、苹果炭疽病、苹果褐斑病等一起进行。

易混淆病害 苹果煤污病与苹果黑点病的症状容易混淆，苹果煤污病病斑可用手擦去，病斑不规则，而苹果黑点病无法擦去，且病斑大小较为均一。

苹果煤污病

苹果白绢病 ·····························

田间症状　苹果白绢病又被称为茎基腐病。主要为害4～8年生苹果幼树或成龄树的矮化中间砧或者根颈部。该病在高温多雨潮湿的气候条件容易发生。发病初期，整个植株叶片萎蔫，叶小且黄，枝梢节间缩短。根部染病，根颈部表面产生白色菌丝（图48），表皮出现水渍状褐色病斑，严重的皮层组织腐烂如泥，具有刺鼻酸味，导致树干木质部变为棕褐色（图49）。病根表面、土壤周围缝隙及杂草上可长出油菜籽状的菌核，菌核初期为白色，后期转为茶褐色。发病后期整个植株衰弱甚至枯死。

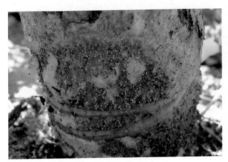

图48　根颈部症状

图49　感病枝干树皮组织变色

发生特点

病害类型	真菌性病害
病原	无性型为齐整小核菌（*Sclerotium rolfsii* Sacc.），有性型为白绢薄膜革菌，属真菌界担子菌门。病原菌寄主范围非常广泛，可侵染梨、桃、葡萄等果树，花生、大豆和甘薯等经济作物
越冬场所	病原菌以菌丝在病株残体上越冬或者以菌核在土壤中越冬，菌核在土壤中可存活5～6年
传播途径	菌核通过雨水或灌溉水在土壤中传播，远距离通过苗木传播、农事操作传播
发病原因	果园地势低洼、土壤排水、通气性不良、高温高湿、土壤呈酸性，前茬为花生、大豆及茄科作物有利于发病，果园内套种花生、大豆、甘薯等可加重病害蔓延
病害循环	菌核萌发后，通过各种伤口或直接侵入果树根颈部

防治适期 每年的夏秋季是该病的发生高峰期，应定期针对果园开展调查，发现病斑及时治疗。

防治措施

（1）**栽植无病苗木** 不要用花生地、大豆地及瓜果蔬菜地育苗。运输及定植之前应仔细检验苗木，彻底销毁感病的苗木，并对苗木进行药剂消毒处理。一般用50%多菌灵可湿性粉剂600～800倍液、70%甲基硫菌灵可湿性粉剂800～1 000倍液或者77%硫酸钙铜可湿性粉剂600～800倍液浸苗3～5分钟，然后栽植。

（2）**药剂防治** 发现病树后及时对发病部位进行治疗。彻底刮除发病组织，涂抹保护伤口，同时彻底销毁病残体，并用药剂处理病树穴。保护药剂可选用1%硫酸铜溶液、77%硫酸铜钙可湿性粉剂300～400倍液；处理病树穴位可用77%硫酸铜钙可湿性粉剂500～600倍液、60%铜钙·多菌灵可湿性粉剂500～600倍液、45%代森铵水剂500～600倍液进行灌根处理。

（3）**栽培防病** 病树治疗后及时进行桥接，促进树势及时得到恢复。

易混淆病害 苹果白绢病容易与苹果腐烂病以及根腐病等病害混淆，典型的症状区别是苹果白绢病发病部位可出现油菜籽状的菌核，菌核茶褐色或棕褐色，菌核非常坚硬而且遍布病部及土壤表层；另一显著症状是苹果白绢病通常在病部出现白色的菌丝体。

苹果锈果病 ....

田间症状 苹果锈果病的症状主要表现在果实上，有些品种的幼苗和枝干上也可表现症状。果实上的症状主要有三种类型，即锈果型、花脸型及混合型。

苹果锈果病

（1）**锈果型** 主要症状类型。常见于富士、国光、白龙、印度等品种上。主要表现为落花后1个月左右从萼洼处开始出现淡绿色水渍状病斑，然后沿果面纵向扩展，形成与心室相对的5条斑纹。由于病斑处果皮逐渐木栓化，斑纹逐渐由黄绿色变为铁锈色，最后形成典型的锈状斑纹。由于果皮细胞木栓化，使果皮停止生长，在果实生长过程中，逐渐导致果皮龟裂，甚至造成果实畸形。病果比健果小，果肉少汁且硬而无味，失去食用价值（图50）。

（2）**花脸型**　常见于祝光、倭锦、元帅、海棠、沙果、槟子等树上。果实在着色前无明显变化，着色后果面上散生许多近圆形不着色的黄绿色斑块，成熟时斑块仍不着色，最后使果面呈现红色和黄绿色相间的花脸症状。病果着色部分凸起，不着色部分稍凹陷，致使果面略显凹凸不平。

（3）**混合型**　即锈果和花脸症状混合发生，多见于元帅、红星、新红星等品种上。病果在着色前，在萼洼附近出现锈色斑块；着色后在未发生锈斑的地方或锈斑周围产生不着色的斑块而呈花脸状（图51）。

图50　锈果型病果

图51　花脸型病果

发生特点

病害类型	病毒性病害
病原	类病毒（*Apple scar skin viroid*）
越冬场所	在寄主梨树上越冬
传播途径	通过嫁接、病健树根部接触、修剪工具、带病苗木传染，病树种子、花粉均不传染
发病原因	病毒寄主存在、嫁接传染、接触传染
病害循环	通过嫁接侵染后潜育期为3～27个月。自然条件下，病株有自然传播的例证，疑似有带病毒昆虫或其他传播途径。梨树可以携带该病的病原，但通常不表现症状。靠近梨园或与梨树混栽的苹果树发病较重，表明该病有可能从梨树传播至苹果树上

防治适期 目前还没有切实有效的治疗方法，主要应立足于预防。

防治措施 防治该病应以预防为主。新建果园栽植无病苗木是彻底避免发病的有效措施，此外建立新苹果园时应远离梨园150米以上，避免与梨树混栽；严格选用无病的接穗和砧木，培育无病苗木，用种子繁殖可以基本保证砧木无病；嫁接时应选择多年无病的树为取接穗的母树；不用修剪过病树的剪、锯修剪健树；用青霉素连年输液或病盐酸吗啉胍500倍液灌根和喷施可降低病果率；初夏时对病树主枝进行半环剥，在环剥处包上蘸过0.015%～0.03%浓度的土霉素、四环素或链霉素的脱脂棉，外用塑料薄膜包裹。果实膨大期用代森锌500倍液或硼砂200倍液，喷于果面，7月上中旬起每周喷1次，共喷3次可对该病有一定的治疗效果。

苹果花叶病

田间症状 该病害主要表现在叶片上，由于苹果品种的不同和病毒株系间的差异，可形成下列几种症状。

苹果花叶病

（1）**斑驳型** 病叶上出现大小不等、边缘清晰的鲜黄色的病斑，后期病斑处常易枯死。在年生长周期中，这种病出现最早，而且是苹果花叶病中常见的一种症状（图52）。

（2）**花叶型** 病叶上出现较大块的深绿与浅绿的色斑，边缘清晰，发生略迟，数量不多。

（3）**条斑型** 病叶上会沿中脉失绿黄化，并蔓延至附近的叶肉组织。有时也沿主脉及支脉黄化，变色部分较宽；有时主脉、支脉、小脉都会呈现较窄的黄化组织，能使整叶呈网纹状。

（4）**环斑型** 病叶上会产生鲜黄色的环状或近似环状的病纹斑，环内仍为绿色，

图52 斑驳型病叶

此类病斑发生一般少且发生晚（图53）。

（5）**镶边型**　病叶边缘的锯齿及其附近发生黄化，从而在叶边缘形成一条变色银边，近似缺钾症状，病中的其他部分表现正常。这种病症仅在金冠、青香蕉等少数品种上可以偶尔见到。

在自然条件下，这些病

图53　环斑型病叶

症类型可以在同一株、同一枝甚至同一叶片上同时出现，但有时仅出现一种类型。在病重的树上叶片易变色、坏死、扭曲、皱缩，有时还可导致早期落叶。

发生特点

病害类型	病毒性病害
病原	一种球状植物病毒（*Apple mosiac virus*，*AMV*
传播途径	通过汁液和嫁接传播，无论砧木或接穗带毒，均可形成新的病株
发病原因	接穗、砧木带病毒，嫁接传染，接触传染
病害循环	嫁接后的潜育期长短不一，一般在3～27个月。症状表现与环境条件、接种时间、供试植物的大小有关。）树体感染病毒后，全株存在病毒，不断增殖，终生为害

防治适期　目前还没有切实有效的治疗方法，主要应立足于预防。

防治措施　培育无病毒接穗和实生苗木，采集接穗时一定要严格挑选健株，对未结果的病株应及时刨除。此外，由于该病原体可在梨树上潜伏，应避免苹果与梨树混栽。利用弱毒株系对致病强的毒系产生干扰作用，减轻病情。春季发病初期，可喷洒1.5%烷醇·硫酸铜乳剂1 000倍液或83增抗剂100倍液，施药间隔期10～15天，连续喷施2～3次。此外对苹果树施好锌、钼、磷、钾、铜等肥料，以此提高苹果的抗病能力。

苹果皱叶病 ···

田间症状 苹果皱叶病主要在叶片、果实、树皮和花上产生不同类型的症状。叶片上的典型症状是沿叶脉或支脉形成浅黄或深黄色斑纹，产生黄斑的叶片产生皱缩和扭曲。树皮症状主要是形成疱疹，严重时发生腐烂。花上的症状是花瓣畸形、变褐或产生红斑或环斑。果实症状主要是果实畸形，果皮上产生痘斑、疱斑、环斑（图54）。

图54 苹果皱叶病病果

发生特点

病害类型	病毒性病害
病原	苹果皱叶类病毒（*Apple fruit crinkle viroid*，AFCVd）
传播途径	通过嫁接、接触传染
发病原因	病毒存在

防治适期 目前还没有切实有效的治疗方法，主要应立足于预防。

防治措施 铲除重病树，培育和栽培无病毒苗木。

苹果茎痘病 ···

田间症状 苹果茎痘病多在嫁接苗上发生，严重时导致嫁接苗枯死。苹果茎痘病在多种主栽品种上呈潜伏侵染，不表现症状，在感病品种的木质部产生茎痘斑，在某些敏感的梨品种上，出现叶脉变黄，叶片产生坏死斑，果实畸形等症状（图55、图56）。

图55　嫁接苗感染苹果茎痘病

图56　幼苗感染苹果茎痘病

发生特点

病害类型	病毒性病害
病原	苹果茎痘病毒（*Apple stem pitting virus*）
传播途径	通过嫁接、接触传播
发病原因	病毒感染、品种差异

防治适期 目前还没有切实有效的治疗方法，主要应立足于预防。

防治措施 培育和栽植无病毒苹果苗木；不用或少用高接换头法进行苹果品种改良；引进的无病毒繁殖材料要进行病毒检验。

苹果茎沟病

田间症状 该病毒在多数品种上潜伏侵染，影响树体生长量和产量。但砧穗组合比较感病时，该病毒常导致根系坏死，在病根木质部上产生可见条沟（图57），染病植株新梢生长量减少，叶片小而硬，色淡绿，落叶早，病树开花多而坐果少，且果实普遍偏小，果肉坚硬，病树在3～5年后衰退枯死。在果园中苹果茎沟病毒常与苹果褪绿叶斑病毒、苹果茎痘病毒同时混合侵染。

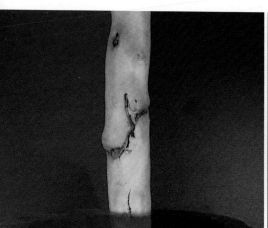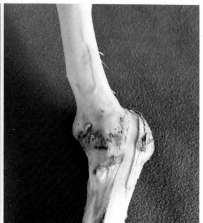

图57　苹果茎沟病症状

发生特点

病害类型	病毒性病害
病原	苹果茎沟病毒（*Apple stem grooving virus*）
传播途径	通过嫁接传染，也可通过病健株根系接触传播。昆诺藜和大果海棠的种子可传播该病毒。病害的远距离传播主要靠苗木、接穗等繁殖材料的调运
发病原因	病毒存在

防治适期 目前还没有切实有效的治疗方法，主要应立足于预防。

防治措施 培育和栽植无病毒苗木；控制高接传毒；尽量不用无融合生殖型砧木作苹果砧木；引进无病毒繁殖材料要进行病毒检验。

苹果小叶病

田间症状 该病是因土壤中缺少锌元素引起的生理性病害，在沙地、瘠薄地、碱性土壤的果园中发生重。主要为害新梢和叶片，春季病树发芽较晚，抽叶后生长停滞，叶片狭小细长，叶缘向上，叶质硬而脆，叶色呈淡黄绿色，或淡浓不匀，簇生呈丛状，易早落。病枝节间缩短，生长衰弱，后期或枯死。在枯枝下方又可另发新枝，仍表现同样症状。病树花芽减少，花朵小而色淡，不易坐果，所结的果实小而畸形（图58～图60）。初发病的幼树，根系发育不良；老病树的根系有腐烂现象，树冠稀疏，产量很低。苹果品种间缺锌的反应有明显差异。红玉、倭锦最易发生苹果小叶病，白龙、美夏、金冠、国光稍轻，元帅、红星等发病重。

图58 病枝上叶片小而细长，多为簇生

图59 苹果小叶病发生严
重时，影响树冠生
长及开花结果

图60 苹果小叶病与苹果
花叶病混合发生

发病原因 由果园土壤中缺乏可供态锌元素引起的生理病害。锌是植物生长发育必需的微量元素。锌不但参与光合作用而且参与生长素合成及酶系统活动。树体缺锌使光合作用形成的有机物质无法正常运转，所以导致叶片失绿，生长受阻，影响果实产量及品质。

　　碱性土壤、沙地、瘠薄地或山地果园缺锌较为普遍。碱性土壤锌盐易转化为不可溶态，沙地土壤锌含量少，易流失，不利于果实根系吸收利用。缺锌还与土壤中磷酸、钾和石灰含量过多有关。土壤中磷酸过多，根吸收锌则相对困难。缺锌还与土壤氮、钙等元素失调有关。除此之外，重茬、间作蔬菜或灌水频繁，修剪过重或伤根过多均可导致缺锌。

防治适期 萌芽期、开花初期、落花后。

防治措施 增施锌肥或降低土壤pH（增加锌盐的溶解度），是防治该病的有效途径。萌发花芽前树上喷施3% ~ 5%的硫酸锌或发芽初期喷施1%的硫酸锌溶液，当年即可见到防治效果。发芽前或初发芽时，在有病枝头涂抹1% ~ 2%硫酸锌溶液，可促进新梢生长。对盐碱地、黏土地、沙地等土壤条件不良的果园，适当改善土壤的pH，释放被固定的锌元素，可从根本上解决缺锌导致的小叶问题。

苹果黄叶病

田间症状 苹果黄叶病又称白叶症、褪绿症等，在我国各苹果产区均有发生，该病是因土壤中缺少铁元素引起的生理性病害。多发生在盐碱地或钙质土壤的果园，尤其是苗期和幼树受害严重时。病害多从新梢顶端幼嫩叶片开始，初期叶片先变黄，叶脉仍为绿色，叶片呈绿色网纹状。随后叶片逐渐变黄，严重时整叶变白，叶缘枯焦，叶片提前脱落。一般树冠外围的新梢顶端叶片发病较重，下部老叶发病较轻。树体严重缺铁时，新梢顶端枯死，病树果实绿色（图61 ~ 图63）。

图61 幼树的枝梢发病状

图63　褪绿叶片发生
叶斑病

图62　结果树全树发病状

发病原因　苹果黄叶病是由土壤中缺乏可给态铁元素引起的生理性病害。铁是植物进行光合作用必需的元素之一，铁参与果树的有氧呼吸和能量代谢等一系列生理活动，是苹果生命活动中不可缺少的元素之一。当铁在土壤中生成难以溶解的氢氧化铁时，无法被根系吸收利用；此外，进入苹果树体内的铁因转移困难，大都沉淀于根部，向叶部运输很少，导致叶片缺铁黄化。

防治适期　春季树体萌芽期和落花后期。

防治措施　一切加重土壤盐碱化程度的因素，都能加重缺铁症状，盐碱较重的土壤中，可溶性的二价铁转化为不可溶的三价铁，不能被植物吸收利用，使果树出现缺铁黄化症状。

苹果缩果病

田间症状　病害主要表现在果实上，落花后至采收期均可发生，以每年6月发病较多，初期在幼果背阴面产生圆形红褐色斑点，病部皮下果肉呈水渍状、半透明，病斑一面溢出黄褐色黏液。后期果肉坏死变为褐色至暗褐色，病斑干缩凹陷开裂。病情严重时可引起大量落果，产量降低，品质变劣。有的品种新梢、芽和叶也表现出症状（图64～图67）。

图64　果面病斑干缩

图65　膨大期果实发病状

图66　成熟期果实发病状

图67　果肉散布淡褐色病变斑块

发病原因　缺少硼元素引起的生理病害。该病的发生与果园质地、品种及气候有关。沙质土壤，硼元素易淋溶流失，含量较少；黏质土壤含硼量较多；碱性土壤硼呈不溶状态，植株根系不易吸收；钙质土壤硼也不易被根系吸收。土壤瘠薄山地或沙地果园硼和盐类易流失地区发病重。干旱年份或者干旱地区发病重，施有机肥较多的果园发病较轻。苹果品种间对硼敏感程度有差别，红玉、鸡冠、金冠等发病重，祝光、元帅、金帅较轻，国光抗病。

<u>**防治适期**</u> 秋季落叶后、早春发芽前、开花前、开花期、开花后。

<u>**防治措施**</u>

（1）**土壤沟施** 秋季落叶后或早春发芽前，树下沟施硼砂或硼酸，施肥后充分灌水，每棵树施药量因树龄大小而异，一般树干直径7.5～15厘米，硼砂用量为50～150克；树干直径20～25厘米，硼砂用量为120～210克；树干直径30厘米以上，硼砂用量为210～500克。

（2）**果树喷施** 开花前、开花期和开花后各喷施1次0.3%硼砂水溶液，见效快，效果良好，当年见效，但此方法持效期较短。

苹果苦痘病 ·······························

<u>**田间症状**</u> 该病在果实近成熟时开始出现症状，储藏期继续发展。发病初期，病斑多以皮孔为中心，在红色果上呈暗褐色，在绿色或黄绿色果上呈浓绿色，近圆形，周围有暗红色或黄绿色晕圈。后期病部干缩，表皮坏死，出现凹陷的褐斑，食之有苦味。储藏后期，病部组织易被杂菌侵染而腐烂（图68）。

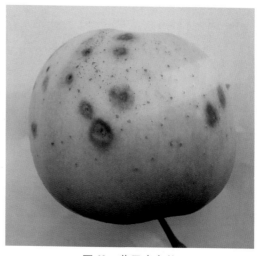

图68　苹果病害状

<u>**发病原因**</u> 苹果苦痘病是缺钙引起的生理性病害，表面原因是果实缺钙，其根本原因是长期使用化肥，极少使用有机肥与农家肥，土壤瘠薄严重及过量使用氮肥。果实套袋往往加重症状。此外，采收过晚，果实成熟度过高，常加重糖蜜型症状的表现。

<u>**防治适期**</u> 施肥期。

<u>**防治措施**</u>

（1）**栽培管理** 适当的苹果栽培管理措施，促进钙的吸收和有效分配都是防治苹果苦痘病发生的关键因素。果园合理生草、增施有机肥等措

施，可以改良土壤的理化性质，促进根系发育，有助于钙的吸收和利用；提倡测土配方施肥，避免偏施氮肥，尤其是铵态氮肥，避免有害元素和钙离子拮抗，均有助于钙元素的吸收利用；合理修剪、合理控制过旺枝条，有助于钙元素向果实转移。

（2）**叶面施用钙肥**　在历年苹果苦痘病发病较重的果园，应通过盛花期后2～3周喷施钙肥，及时补充钙元素，增加果实钙含量，才能有效控制该病害发生。硝酸钙是水溶性较好的钙肥，由于其具有延缓着色的作用，应在幼果期施用；也可叶片喷施氯化钙，但不宜长期施用，一般使用400倍稀释液较为安全。通常来看，从落花后开始，每隔10～15天喷施1次，整个生长季节4～7次，就会有较好的防效。此外，果园应合理灌水，雨季及时排水。气温高时，为防止氯化钙灼伤叶片，可改喷施硝酸钙。

（3）**土壤施用钙肥**　在偏碱性土壤的果园中，土壤可溶性钙盐含量较低，应适当施用，加以补充。苹果落花前后，施用硝酸钙150～300克/株，有较好的防治效果。

易混淆病害　苹果苦痘病与苹果黑点病和苹果炭疽病的症状容易混淆，苹果苦痘病后期病部干缩，表皮坏死，显现出凹陷的褐斑，食之有苦味，而苹果黑点病和苹果炭疽病果肉无苦味。

苹果日灼病 ·····

田间症状　被害果初呈黄色、绿色或浅白色（红色果），病斑圆形或不规则形，后变褐色坏死斑块，有时周围具红晕或凹陷，果肉木栓化，苹果日灼病仅发生在果实皮层，病斑内部果肉不变色，易形成畸形果。主干、大枝染病，向阳面呈不规则焦煳斑块，易遭苹果腐烂病病原菌侵染，引致腐烂或削弱树势（图69～图71）。

图69　日灼斑块中部显现出淡褐色灼伤

图70　果实向阳面黄褐色的灼伤斑点

图71　日灼伤害后期坏死斑凹陷

　　一般土壤水分供应不足，修剪过重，病虫为害重导致早期落叶，尤其是保水不良的山坡或沙砾地，遇夏季久旱或排水不良，易导致苹果日灼病的发生。枝干受害的原因，为果树冬季落叶后树体光秃，白天阳光直射主干或大枝，致向阳面昼夜温差过大导致细胞反复冻融后受损。红色耐贮品种发病轻，不耐贮品种发病重。

发生特点　夏季强光直接照射果实表面所致的苹果日灼病是一种生理性病害，由阳光过度直射造成。在炎热的夏季，高温干旱，果实无枝叶遮阳，阳光直射使果皮发生烫伤，是导致该病发生的主要原因。修剪过度，可加重苹果日灼病发生；套袋果实摘袋时温度偏高，也常造成苹果日灼病。

防治适期　施肥期。

防治措施

苹果日灼病

（1）**品种选择**　选栽抗苹果日灼病品种，同时加强果园管理，合理排灌水及时防治其他病害，保护果树枝叶齐全和正常生长发育。

（2）**树体涂白**　利用白色反光的原理对树体进行涂白，降低阳面温度，缩小昼夜温差；修剪时，西南方向多留枝条，可减轻日灼对枝干的为害；夏季修剪时，果实附近适当增加留叶，遮盖果实，防止烈日暴晒。

（3）**适时摘袋**　疏果后半个月进行果实套袋，需要着色的果实，采前半个月摘袋可有效降低苹果日灼病的发病率。

易混淆病害　苹果日灼病与苹果轮纹病和苹果炭疽病的症状容易混淆，可从以下几点加以区分：

①苹果日灼病仅发生在果实皮层，病斑内部果肉不变色，易形成畸形果，而苹果轮纹病和苹果炭疽病除了果面，果肉内部均受病原菌侵染，形成组织坏死。

②苹果日灼病病斑表面光滑，而苹果轮纹病和苹果炭疽病病部可形成小黑点，即病原菌的分生孢子器（盘）。

PART 2

虫 害

桃小食心虫 ·······························

分类地位 桃小食心虫（*Carposina sasakii* Matsmura）属鳞翅目蛀果蛾科，又称桃蛀果蛾，简称"桃小"。

桃小食心虫

为害特点 苹果受害，在幼虫蛀果后不久从入果孔处流出泪珠状的胶质点（图72），待胶质点干涸后，在入果孔处留下一小片白色蜡质膜。随着果实生长，入果孔愈合成一小黑点（图73），周围果皮略凹陷。幼虫入果后在皮下潜食果肉，导致果面显出凹陷的潜痕，使果实逐渐畸形，即称"猴头果"。幼虫发育后期，食量增大，在果内纵横潜食，排粪于果实内部，使果实成"豆沙馅"状，导致果实失去商品价值（图74、图75）。幼虫老熟后，在果面咬一明显的孔洞脱果，入土做茧。

图72 蛀果后早期的"泪滴"

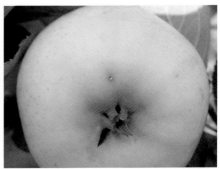

图73 蛀果孔

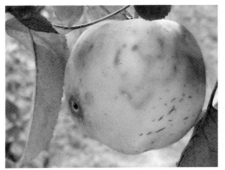

图74 果实表面为害状

图75 果实剖面为害状

形态特征

成虫：雌虫体长7～8毫米，翅展16～18毫米；雄虫体长5～6毫米，翅展13～15毫米。全体灰白至灰褐色，复眼红褐色。雌虫唇须较长，向前直伸，雄虫唇须较短，向上翘。前翅中部近前缘处有近似三角形蓝灰色大斑，近基部和中部有7～8簇黄褐或蓝褐色斜立鳞片。后翅灰色，缘毛长，浅灰色（图76）。

图76 成虫

卵：椭圆形或桶形，初产时橙红色，渐变深红色，顶部环生2～3圈Y形刺毛，卵壳表面具不规则多角形网状刻纹（图77）。

幼虫：低龄幼虫黄白色；老熟幼虫桃红色，体长13～16毫米，前胸背板褐色，无臀刺（图78）。

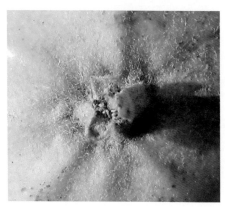

图77 卵

图78 幼虫

蛹：蛹体长6～8毫米，淡黄色渐变黄褐色，近羽化时变为灰黑色，体壁光滑无刺。茧有两种，一种为扁圆形的冬茧（图79），直径6毫米，丝质紧密；一种为纺锤形的化蛹茧（也称夏茧），质地松软，长8～13毫米（图80）。

图79　冬茧

图80　冬茧（左）和夏茧（右）

发生特点

发生代数	桃小食心虫在甘肃天水1年发生1代，吉林、辽宁、河北、山西和陕西1年发生2代，山东、江苏、河南1年发生3代
越冬方式	均以老熟幼虫在土壤中结冬茧越冬
发生规律	辽宁果区，越冬幼虫一般年份从5月上旬破茧出土，出土期延续到7月中旬，盛期集中在6月。出土幼虫先在地面爬行一段时间，而后在土缝、树干基部缝隙及树叶下等处结纺锤形夏茧化蛹，蛹期半月左右。6月上旬出现越冬代成虫，一直延续到7月中下旬，发生盛期在6月下旬至7月上旬。成虫寿命6～7天。卵期一般7～8天。第1代卵在6月中旬至8月上旬孵化，盛期为6月下旬至7月中旬。初孵幼虫在果面爬行2～3小时后，蛀入果内为害。随着果实生长，蛀入孔愈合成一个小黑点，果面蛀孔周围稍凹陷，多条幼虫为害的果实常发育成凸凹不平的畸形果。幼虫在果内蛀食20～24天，老熟后从内向外咬一较大脱果孔，然后爬出落地，发生早的则在地面隐蔽处结夏茧化蛹，发生晚的直接入土结冬茧越冬。蛹经过12天左右羽化，在果实萼洼处产卵。第2代卵在7月下旬至9月上旬孵化，盛期为8月上旬。幼虫孵出后蛀果为害25天左右，于8月下旬从果内脱出，在树下土壤中结冬茧滞育越冬
生活习性	桃小食心虫越冬茧在8℃低温条件下需3个月解除休眠。自然条件下，春季平均气温达17℃以上、土温达19℃、土壤含水量在10%以上时，幼虫则能顺利出土，浇地后或下雨后形成出土高峰。初孵幼虫有趋光性。成虫白天在树上枝叶背面和树下杂草等处潜伏，日落后活动，前半夜比较活跃，后半夜0～3时交尾，交尾后1～2天开始产卵，多产于果实萼洼处。每雌虫平均产卵44粒，多者可达110粒

防治适期

（1）**地面处理**　在地面连续3天发现出土的幼虫时，即可发出预测预报，开始地面防治；当诱捕器连续2～3天诱到雄蛾时，表明地面防治已经到了关键时期，此时也是开展田间查卵的适宜时期。

（2）**树上控制**　6月上中旬桃小食心虫成虫开始陆续产卵，当田间卵果率达0.5%～1%时进行树上喷药。以后每10～15天喷1次，连喷2次。

防治措施　桃小食心虫的防控应采用地下防控与树上防控、化学防控与人工防控相结合的综合防控措施，根据虫情测报进行适期防控是提高好果率的技术关键。

（1）**农业防治**　生长季节及时摘除树上虫果、捡拾落地虫果，集中深埋，杀灭果内幼虫。树上摘除多从6月下旬开始，每半月进行1次。结合深秋至初冬深翻施肥，将树盘内10厘米深土层翻入施肥沟内，下层生土撒于树盘表面，促进越冬幼虫死亡。果树萌芽期，以树干基部为中心，重点在树冠投影的范围内覆盖塑料薄膜，边缘用土压实，能有效阻挡越冬幼虫出土和羽化的成虫飞出。尽量果实套袋，阻止幼虫蛀食为害。套袋时间不能过晚，要在桃小食心虫产卵前完成，一般果园需在6月上中旬完成套袋（图81）。

图81　苹果套袋

（2）生物防治

①昆虫病原线虫的应用。目前用来防治桃小食心虫的病原线虫为斯式线虫科的小卷蛾线虫。据广东省昆虫研究所和中国农业科学院郑州果树研究所的报道，用线虫悬浮液喷施果园土表，当每667米^{2}施用1亿～2亿个侵染期线虫时，虫蛹被寄生的死亡率达到90%。昆虫被线虫感染后，体液呈橙色，虫尸淡褐色，不腐烂。被线虫感染后的虫蛹可作为感染源，被活的桃小食心虫吞食后继续进行侵染循环。

②白僵菌的利用。该菌在25℃、湿度90%时，有利于分生孢子的萌发和感染寄主，日光中的紫外线能杀死菌剂中的孢子，造成侵染力的丧失，因此在利用白僵菌防治桃小食心虫时，最好先喷药后覆草，既提高了土壤温度，又防止日光直射。施药的时间为越冬代和第1代幼虫的脱果期。

③性信息素。从5月中下旬开始在果园内悬挂桃小食心虫的性引诱剂，每667米^{2}用2～3粒诱芯，诱杀雄成虫，1.5个月左右更换1次诱芯。该方法除了可对桃小食心虫成虫直接诱杀外，还可能用于虫情测报，以决定喷药时间（图82）。

图82　果园内悬挂桃小食心虫性引诱剂

（3）化学防治措施

①地面处理。从越冬幼虫开始出土时进行地面用药，使用45%毒死蜱乳油300～500倍液、或48%毒·辛乳油200～300倍液均匀喷洒树下地面，喷湿表层土壤，然后耙松土壤表层，杀灭越冬代幼虫。一般年份5月

中旬果园下透雨或浇灌后，是地面防治桃小食心虫的关键期。也可利用桃小食心虫性引诱剂测报，决定施药适期。

②树上喷药防治。在卵果率0.5% ～ 1%、初孵幼虫蛀果前进行树上喷药；也可通过性诱剂测报，在出现诱蛾高峰时立即喷药。防治第2代幼虫时，需在第1次喷药35 ～ 40天后进行，5 ～ 7天喷1次，每代均应喷药2 ～ 3次。常用有效药剂有45%毒死蜱乳油1 200 ～ 1 500倍液、48%毒·辛乳油1 000 ～ 1 500倍液、4.5%高效氯氰菊酯乳油或水乳剂1 500 ～ 2 000倍液、25克/升高效氯氟氰菊酯乳油1 500 ～ 2 000倍液、20%甲氰菊酯乳油1 500 ～ 2 000倍液等。要求喷药必须及时、均匀、周到。

易混淆害虫 桃小食心虫与梨小食心虫的成虫、幼虫及为害状较易混淆，可从以下几点加以区分：

（1）**成虫的区分** 桃小食心虫与梨小食心虫成虫体色均为灰褐色，但桃小食心虫体型略大于梨小食心虫，且桃小食心虫前翅中部近前缘有个三角形蓝色或蓝灰色斑纹，可据此与梨小食心虫成虫区别。

（2）**幼虫的区分** 桃小食心虫与梨小食心虫幼虫可从体型、体色上区分，桃小食心虫幼虫略大，老熟后体色较深，呈桃红色；而梨小食心虫幼虫较小，老熟后体色较浅，呈粉红色。

（3）**为害状的区分** 桃小食心虫蛀果初期，可在果实表面的蛀果孔处见到泪珠状的胶质点，这一症状可作为鉴定桃小食心虫的典型特征。此外，幼虫在果内潜食致使果面凹陷形成"猴头果"，虫粪多排在果实内；而梨小食心虫蛀果后，蛀果孔无胶质流出，为害后期在脱果孔周围常见大量虫粪堆积。田间可根据以上特征区分两种食心虫。

梨小食心虫

分类地位 梨小食心虫（*Grapholitha molesta* Busck）属鳞翅目卷蛾科，又称梨小蛀果蛾、桃折梢虫、东方蛀果蛾，简称"梨小"。

为害特点 该虫主要以幼虫蛀食果实或嫩梢进行为害。为害果实多从梗洼、萼洼及两枚果实相贴处蛀入。初期被害果实内虫道较浅，蛀入孔周围凹陷，后期蛀果孔周围绿色，脱果孔较大，周围附着有虫粪。剖开虫果可见虫道直向果心，幼虫咬食种子，虫道内和种子周围有细粒虫粪。

形态特征

成虫：体长4.6~6毫米，翅展10.6~15毫米，全体灰褐色，无光泽；头部具灰色鳞片，触角丝状，下唇须灰褐色向上翘，前翅灰褐色，混杂白色鳞片，中室外缘附近有一白色斑点，前翅前缘约有10组白色钩状纹，近外缘有10多个小黑点，后翅暗褐色，基部较淡，缘毛黄褐色（图83）。

卵：扁椭圆形，长0.6毫米左右，半透明，中部隆起，初期乳白色，后呈淡黄白色（图84）。

幼虫：初孵化时白色，头与前胸黑色，而后非骨化部分淡黄白色或粉红色。老熟幼虫体长10~13毫米，头部黄褐色，全体背面粉红色，腹面色较浅，前胸背板浅黄色或黄褐色，臀板浅黄褐色或粉红色（图85）。

蛹：长6~7毫米，纺锤形，黄褐色，复眼黑色，第3~7腹节背面有2行刺突，第8~10腹节各有1行较大刺突，腹部末端有8根钩刺（图86）。

图83　成虫

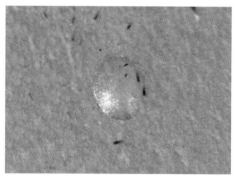

图84　产在滤纸上的梨小食心虫卵（半透明）

图85　一至五龄幼虫

图86　蛹

发生特点

发生代数	梨小食心虫在辽宁与华北1年发生3～4代，黄河故道与陕西关中1年发生4～5代，南方1年发生6～7代
越冬方式	主要以老熟幼虫在果树枝干裂皮缝隙中和主干根部周围表土下结茧越冬
发生规律	越冬代成虫发生盛期多在苹果开花期，由于发生期很不整齐，后期世代重叠严重。第1～2代幼虫主要为害桃梢，第3代及以后幼虫主要为害果实，其中第3代为害果实最重。各虫态历期为：卵期5～6天、非越冬代幼虫期25～30天、蛹期7～10天、成虫寿命4～15天，生长期完成一代需40～50天
生活习性	成虫白天潜伏，傍晚开始活动，交尾、产卵。成虫对糖醋液、黑光灯有很强的趋性，雄蛾对性引诱剂趋性强烈。雨水多、湿度大的年份有利于成虫产卵，为害严重，与桃树、梨树混栽或邻近的苹果园内梨小食心虫发生量大

防治适期　第1～2代幼虫为害桃梢时，9月底至10月初越冬幼虫下树前以防治为主。

防治措施

（1）**诱杀越冬幼虫**　越冬幼虫下树前，在树干上捆绑草环、麻袋片或专用瓦楞纸诱捕带，诱集幼虫潜入越冬，于入冬封冻前取下集中烧毁。春季苹果树发芽前，彻底刮除枝干粗翘老皮，破坏幼虫越冬场所，并及时将刮下的树皮烧毁或深埋。同时清除果园内杂草与枯枝落叶。随后全园喷施1遍3～5波美度石硫合剂或45%石硫合剂晶体40～60倍液，消灭残余越冬幼虫。

（2）**清除蛀梢幼虫**　对于混栽或周边种植桃树的果园，在梨小食心虫第1～2代幼虫为害桃梢时，及时剪除被害新梢并销毁，降低后期果实受害风险。

（3）**诱杀成虫**　利用成虫趋性，在果园内设置糖醋液、黑光灯或频振式诱虫灯诱杀成虫。糖醋液配方为，糖：醋：水：酒＝4：2：4：0.5。此外，还可使用梨小食心虫性引诱剂+诱捕器诱杀雄蛾。

（4）**化学防治**　药剂防治的关键是喷药时期。可依据成虫诱杀进行测报，于每次诱蛾高峰后2～3天各喷施1次，可有效防治梨小食心虫为害。常用药剂有4.5%高效氯氰菊酯乳油或水乳剂1 500～2 000倍液、5%高效氟氯氰菊酯乳油3 000～4 000倍液、48%毒死蜱乳油1 200～1 500倍液等。

（5）**其他措施**　果实套袋，阻止梨小食心虫为害果实。新建苹果园应避免与桃树混栽，并尽量远离桃树，降低梨小食心虫为害程度。此外，还可使用松毛虫赤眼蜂进行生物防治，自梨小食心虫越冬代成虫产卵初期开始，每隔5天放蜂一次，每667米²每次释放3万头，可有效防治第1～2代梨小食心虫发生。

易混淆害虫 参照桃小食心虫。

二斑叶螨

分类地位 二斑叶螨（*Tetranychus urticae* Koch）属蛛形纲真螨目叶螨科，又称二点叶螨，俗称白蜘蛛。

为害特点 主要在叶片背面吸取汁液为害，受害叶片先从近叶柄主脉两侧出现苍白色斑点，螨量大时叶片变灰白色至暗褐色，严重时叶片焦枯甚至早期脱落（图87、图88）。

图87 二斑叶螨结网包覆株顶

图88 二斑叶螨结网包覆嫩芽

形态特征

成虫：雌成螨体长0.42～0.59毫米，体椭圆形，体背有刚毛26根，呈6横排。体色多为污白色或黄白色，体背两侧各具1块暗褐色斑（图89）。越冬型为橘黄色，体背两侧无明显斑。雄成螨体长约0.26毫米，体卵圆形，后端尖削（图90）。体色为黄白色，体背两侧有明显褐斑。

卵：球形，初产时乳白色，渐变为橘黄色，孵化前出现红色圆点（图91）。

幼虫：幼螨球形，白色，足3对，取食后变为绿色（图92）。若螨卵圆形，足4对，体淡绿色，体背两侧具暗绿色斑。

图89 雌成螨

图90 雄成螨

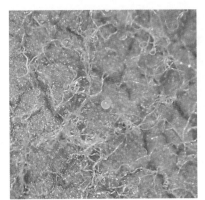

图91 卵

图92 幼螨

发生特点

发生代数	南方1年发生20代以上，北方12～15代
越冬方式	北方主要以受精的雌成虫在土缝、枯枝落叶下或小旋花、夏至草等宿根性杂草的根际等处吐丝结网潜伏越冬。在树木上则在树皮下、裂缝中或在根颈处的土中越冬

（续）

发生规律	当3月平均温度达10℃左右时，越冬雌虫开始出蛰活动并产卵。成虫开始产卵至第1代幼虫孵化盛期需20～30天，以后世代重叠。在早春寄主上一般发生1代，于5月上旬后陆续迁移到树体上为害。在6月上中旬进入全年的猖獗为害期，于7月上中旬进入高峰期。10月后陆续出现滞育个体，进入11月后均滞育越冬
生活习性	二斑叶螨有很强的吐丝结网习性，有时丝网可将全叶覆盖起来，并罗织到叶柄，甚至细丝还可在树体间搭接，叶螨顺丝爬行扩散

防治适期 果树萌芽前，刮除枝干粗皮、翘皮，清除园内枯枝落叶、杂草，并将残体组织集中深埋或烧毁，消灭越冬雌成螨。

防治措施

（1）**农业防治** 早春越冬螨出蛰前，刮除树干上的翘皮、老皮，清除果园里的枯枝落叶和杂草，集中深埋或烧毁，消灭越冬雌成螨；春季及时中耕除草，特别要清除阔叶杂草，及时挖除根蘖，消灭其中的二斑叶螨。

（2）**生物防治**

①以虫治螨。应注意保护、发挥天敌自然控制作用。此螨天敌有30多种，如深点食螨瓢虫，幼虫期每头可捕食二斑叶螨200～800头，其他还有食螨瓢虫、暗小花蝽、草蛉、塔六点蓟马、小黑隐翅虫、盲蝽等天敌。

②以螨治螨。保护和利用与二斑叶螨几乎同时出蛰的拟长毛钝绥螨、东方钝绥螨、芬兰钝绥螨等捕食螨，以控制二斑叶螨为害。

③以菌治螨。藻菌能使二斑叶螨致死率达80%～85%；白僵菌能使二斑叶螨致死率达85.9%～100%。

（3）**化学防治** 在越冬雌成螨出蛰期，树上喷50%硫悬浮剂200倍液或1波美度石硫合剂，消灭在树上活动的越冬成螨。在夏季，6月以前平均每叶活动态螨数达3～5头，抓住害螨从树冠内膛向外围扩散的初期防治。6月以后平均每叶活动态螨数达7～8头时，需及时用药。注意选用选择性杀螨剂。常用药剂有20%炔螨特水乳剂1 500倍液、43%联苯肼酯悬浮剂2 000倍液、1.8%阿维菌素乳油3 000～4 000倍液等。

易混淆害虫 二斑叶螨、苹果全爪螨和山楂叶螨是苹果树常见的三种害螨，均为吸食叶片枝叶，造成叶片失色。但也可从以下几点加以区分：

（1）**成虫体色**　二斑叶螨雌雄成螨体色多为黄白色；苹果全爪螨雌成螨体色深红色；山楂叶螨雌成螨体色暗红色。三者雌成螨体色差异较大，可在田间区分。

（2）**田间为害状**　二斑叶螨田间大量发生时会造成叶片焦枯，严重时会早期落叶，而且该螨吐丝结网能力极强，为害时可见树上大量丝网；苹果全爪螨造成叶片受害，开始形成许多失绿小斑点，后期叶片灰白色，但一般不造成早期落叶，不结丝网；山楂叶螨为害初期造成叶片失绿小斑点，后期叶片失色，严重时叶片红褐色，甚至布满丝网。

苹果全爪螨

分类地位　苹果全爪螨（*Panonychus ulmi* Koch），属蜱螨亚纲真螨总目叶螨科，又称苹果红蜘蛛。

为害特点　以幼螨、若螨、成螨刺吸汁液为害，其中幼螨、若螨和雄成螨多在叶背面活动，而雌成螨多在叶正面活动。受害叶片变灰绿色，仔细观察正面有许多失绿小斑点，严重时变为灰白色，整体叶貌类似苹果银叶病为害，一般不易造成早期落叶（图93）。该螨亦可为害苹果嫩芽（图94）与花器，严重时抑制嫩芽萌发，造成花器扭曲变形。

图93　叶片被害状

图94　嫩芽被害状

形态特征

成虫：雌成螨体长约0.45毫米，宽约0.29毫米，体圆形、深红色，背部显著隆起（图95-A）。背毛26根，较粗长，着生于粗大的黄白色毛瘤上。足4对，黄白色。雄成螨体长0.3毫米左右，体后端尖削似草莓状（图95-B）。初蜕皮时为浅橘红色，取食后呈深橘红色，刚毛数目与排列同雌成螨。

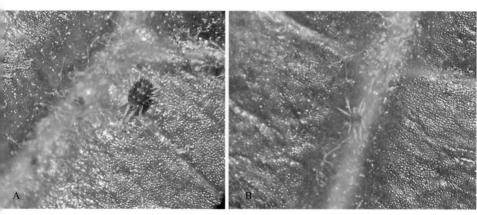

图95 成螨
A.雌成螨 B.雄成螨

卵：卵扁圆形，葱头状，顶端有刚毛状柄，越冬卵深红色（图96），夏卵橘红色（图97）。

图96 枝上越冬卵

图97 夏卵

幼虫：幼螨足3对，越冬卵孵化出的第1代幼螨呈淡橘红色，取食后呈暗红色；夏卵孵化出的幼螨初为黄色，后变为橘红色或山绿色（图98）。

若虫：若螨足4对，前期体色较幼螨深；后期体背毛较为明显，体型似成螨，可分辨出雌雄。

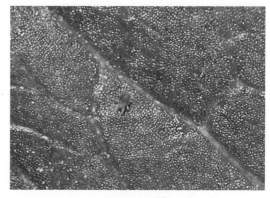

图98 幼螨

发生特点

发生代数	在北方果区1年发生6～7代
越冬方式	以卵在短果枝、果台和多年生枝条的分叉处、叶痕、芽轮及粗皮等处越冬
发生规律	5月上中旬出现第1次成螨，5月中旬末至下旬为盛期，并交尾产卵繁殖，卵期夏季6～7天，春秋季9～10天。第2次成虫出现盛期在6月上旬左右，第3次在6月下旬末和7月上旬初，第4次在7月中旬，第5次在8月上旬末，第6次在8月下旬末，第7次在9月下旬初。越冬卵于8月中旬开始出现，9月底达到最高峰，以后便趋于稳定，夏卵也在10月上旬基本绝迹
生活习性	幼螨、若螨、雄螨常在叶背面取食活动，雌螨多在叶正面取食为害，成螨较活泼，爬行迅速，夏卵多产在叶正面主脉凹陷处和叶背主脉附近，很少吐丝拉网

防治适期 苹果树萌芽前。

防治措施

（1）**农业防治** 萌芽前刮除翘皮、粗皮，并集中烧毁，消灭大量越冬虫源。

（2）**生物防治** 苹果园控制害螨的天敌资源非常丰富，主要种类有：深点食螨瓢虫、束管食螨瓢虫、陕西食螨瓢虫、小黑花蝽、塔六点蓟马、中华草蛉、晋草蛉、东方钝绥螨、拟长毛钝绥螨、丽草蛉、西北盲走螨等。不常喷药的果园天敌数量多，常将叶螨控制在经济为害水平以下。果园内应减少喷药次数，保护自然天敌。有条件的地方，可以释放人工饲养的捕食螨。

（3）**化学防治**　依据田间调查，在出蛰期每芽平均有越冬雌成螨2头时，喷施1次3～5波美度石硫合剂、45%石硫合剂晶体50～60倍液或99%喷淋油乳剂200倍液；生长期6月以前平均每叶活动态螨数达3～5头，6月以后平均每叶活动态螨数达7～8头时，喷施24%螺螨酯悬浮剂4 000倍液、15%哒螨灵乳油2 500倍液、20%三唑锡悬浮剂2 000倍液、1.8%阿维菌素乳油4 000倍液、43%联苯肼酯悬浮剂2 000～3 000倍液等。

（易混淆害虫）　参照二斑叶螨。

山楂叶螨 ·····························

（分类地位）　山楂叶螨（*Tetranychus viennensis* Zacher）属蜱螨亚纲真螨总目叶螨科，又称山楂红蜘蛛。

（为害特点）　山楂叶螨主要在叶背面刺吸汁液为害，受害叶片正面出现失绿的小斑点，螨量多时失绿黄点连片，呈黄褐色至苍白色（图99）；严重时，叶片背面甚至正面布满丝网，叶片呈红褐色，似火烧状，易引起大量落叶，造成二次开花（图100）。不但影响当年产量，还会对以后2年的树势及产量造成不良影响。

图99　叶片被害状

图100　嫩枝被害状

形态特征

成虫：雌成螨椭圆形，体长0.54～0.59毫米，冬型鲜红色，夏型暗红色，体背前端隆起，背毛26根，横排成6行，细长，基部无毛瘤（图101）。雄成螨体长0.35～0.45毫米，体末端尖削，第1对足较长，体背两侧各具一黑绿色斑（图102）。

卵：圆球形，春季卵橙红色，夏季卵黄白色（图103）。

幼虫：足3对，黄白色，取食后为淡绿色，体圆形（图104）。

若虫：足4对，淡绿色，体背出现刚毛，两侧有山绿色斑纹，老熟若螨体色发红。

图101 雌成螨

图102 雄成螨

图103 卵

图104 幼螨

发生特点

发生代数	北方1年发生6～10代
越冬方式	以受精雌成螨在主干、主枝和侧枝的翘皮、裂缝、根颈周围土缝、落叶及杂草根部越冬
发生规律	卵经8～10天孵化，同时有成螨出现，第2代以后世代重叠，5月上旬以前虫口密度较低，6月成倍增长，到7月达全年发生高峰，从8月上旬开始，由于雨水较多，加之天敌对其的控制作用，山楂叶螨繁殖受到抑制，9～10月开始出现受精雌成螨越冬。高温干旱条件下发生及为害较为严重
生活习性	成螨有吐丝结网习性，卵多产于叶背主脉两侧和丝网上。螨量大时，成螨顺丝下垂，随风飘荡，进行传播。

防治适期 成虫越冬前。

防治措施

（1）**农业防治** 成虫越冬前树干束草把诱杀越冬雌成螨。萌芽前刮除翘皮、粗皮，并集中烧毁，消灭大量越冬虫源。

（2）**生物防治** 参照苹果全爪螨。

（3）**化学防控** 参照苹果全爪螨。

易混淆害虫 参照二斑叶螨。

苹小卷叶蛾 ·······

分类地位 苹小卷叶蛾（*Adoxophyes orana* Fisher von Roslerstamm）属鳞翅目卷蛾科，又称苹果小卷叶蛾、黄小卷叶蛾、溜皮虫、舔皮虫。

为害特点 以幼虫啃食为害。幼虫不仅吐丝缀叶潜居其中啃食叶片，更为重要的是把叶片缀贴在果实上啃食果皮、果肉，把果面啃出许多伤疤，造成残次果，故俗称为"舔皮虫"。近年该虫为害有上升趋势（图105、图106）。

图105　受害叶片

图106　受害果实

形态特征

　　成虫：成虫体长6～8毫米，翅展13～23毫米，体黄褐色，前翅长方形，有2条深褐色斜纹，外侧比内侧的一条细；雄成虫体较小，体色稍淡，前翅有前缘褶（前翅肩区向上折叠）（图107）。

　　卵：卵扁平椭圆形，数十粒至上百粒排成鱼鳞状（图108）。

　　幼虫：老熟幼虫体长13～15毫米，头黄褐色或黑褐色，前胸背板淡黄色，体翠绿色或黄绿色，头明显窄于前胸，整个虫体两头稍尖；幼虫性情活泼，遇振动常吐丝下垂。第1对胸足黑褐色，腹末有臀栉6～8根，雄虫在胴部第7～8节背面具1对黄色肾形性腺（图109）。

　　蛹：体长9～11毫米，黄褐色，腹部2～7节背面各有2排小刺（图110）。

图107　成虫

图108　卵

图109　幼虫

图110　蛹

发生特点

发生代数	我国北方大多数地区每年发生3代。黄河故道、关中及豫西地区，每年发生4代
越冬方式	以幼虫结成白色薄茧潜伏在老树皮缝、老翘皮、剪锯口四周死皮内等处越冬
发生规律	第2年花器分离时，越冬幼虫开始出蛰，盛花期是幼虫出蛰盛期，前后持续1个月，幼虫老熟后从被害叶片内爬出寻找新叶，卷起新叶并居内化蛹，蛹期6～9天，蛾期3～5天，蛹羽化为成虫后1～2天便可产卵。单雌蛾可产卵百余粒，卵期6～8天，幼虫期15～20天。辽南地区各代成虫发生时期为：越冬代成虫初现于5月中下旬，盛期为6月上旬，第1代成虫在8月上旬最盛；第2代成虫在9月上旬最盛，第3代成虫出现很少，一般以幼虫结成薄茧于10月间开始越冬
生活习性	成虫昼伏夜出，有趋光性，对糖醋液、果汁及果醋趋性很强

防治适期 越冬幼虫出蛰期和各代幼虫孵化期是树上喷药适期。

防治措施

（1）**农业防治** 早春刮除树干和剪锯口处的翘皮，消灭越冬的幼虫。在果树生长期，捏死卷叶中的幼虫，减轻其为害。

（2）**生物防治** 在越冬代成虫产卵盛期，释放松毛虫赤眼蜂进行防治，根据苹小卷叶蛾性外激素诱捕器诱蛾数，在成虫出现高峰后第3天开始放蜂，以后每隔5天放蜂1次蜂，共放4次。每次每树放蜂量分别为：第1次500头，第2次1 000头，第3、4次均为500头。另外也可喷施苏云金杆菌、杀螟杆菌、白僵菌等微生物农药防治幼虫。其他天敌昆虫包括：拟澳洲赤眼蜂、卷叶蛾苹腹茧蜂、卷蛾绒茧蜂、捕食性蜘蛛等。

（3）**化学防治** 越冬幼虫出蛰期和各代幼虫孵化期是树上喷药适期。在结果树上，越冬幼虫出蛰期的防治指标是每百叶丛有虫2～2.5头时开始喷药。常用药剂有：3%甲氨基阿维菌素苯甲酸盐微乳剂3 000～4 000倍液、50克/升虱螨脲乳油1 500倍液、20%虫酰肼悬浮剂1 500倍液、24%甲氧虫酰肼悬浮剂3 000～5 000倍液等。

顶梢卷叶蛾 ·····································

分类地位 顶梢卷叶蛾（*Spilonota lechriaspis* Meyrick）属鳞翅目卷蛾科，又称顶芽卷叶蛾。

为害特点 幼虫为害嫩梢，仅为害枝梢的顶芽（图111）。幼虫吐丝将顶梢数片嫩叶缠缀成虫苞，并啃下叶背绒毛做成筒巢，潜藏入内，仅在取食时将身体露出巢外。为害后期顶梢卷叶团干枯，不脱落，易于识别。幼树受害较重，发生严重的果园幼树被害梢常达80%以上，严重影响幼树的生长发育和苗木出圃规格。

图111 芽被害状

形态特征

成虫：体长6～8毫米，全体银灰褐色（图112）。前翅前缘有数组褐色短纹，基部1/3处和中部各有一暗褐色"弓"形横带，后缘近臀角处有一近似三角形褐色斑，此斑在两翅合拢时并成一菱形斑纹；近外缘处从前缘至臀角间有8条黑色平行短纹。

卵：扁椭圆形，乳白色至淡黄色，半透明，长径0.7毫米，短径0.5毫米，卵粒散产。

图112 成虫

幼虫：老熟幼虫体长8～10毫米，体污白色，头部、前胸背板和胸足均为黑色，无臀栉（图113）。

蛹：长5～8毫米，黄褐色，尾端有8根细长的钩状毛。茧黄白色绒毛状，椭圆形（图114）。

图113 幼虫

图114 蛹

发生特点

发生代数	辽宁、山东、山西1年发生2代，北京、江苏、安徽、河南1年3代
越冬方式	以二至三龄幼虫在枝梢顶端卷叶团中越冬
发生规律	早春苹果花芽展开时，越冬幼虫开始出蛰，早出蛰的主要为害顶芽，晚出蛰的向下为害侧芽。幼虫老熟后在卷叶团做茧化蛹。在1年发生3代的地区，各代成虫发生期：越冬代在5月中旬至6月末；第1代在6月下旬至7月下旬；第2代在7月下旬至8月末。每雌蛾产卵6～196粒，多产在当年生枝条中部的叶面多绒毛处。第1代幼虫主要为害春梢，第2、3代幼虫主要为害秋梢，10月上旬以幼虫越冬
生活习性	成虫有趋糖蜜性，夜间飞行、交尾、产卵。幼虫孵化后爬至梢端，吐丝卷叶为害，并将叶背的绒毛啃下与丝织成茧，潜藏其中，取食时爬出，食毕缩回

防治适期 早春刮除树干和剪锯口处的翘皮，消灭越冬的幼虫。在果树生长期，捏死卷叶中的幼虫。

防治措施 各项防控技术参照苹小卷叶蛾。

金纹细蛾 ....

分类地位 金纹细蛾（*Lithocolletis ringoniella* Mats）属鳞翅目细蛾科，又称苹果细蛾、苹果潜叶蛾。

为害特点 金纹细蛾主要以幼虫在叶片内潜食叶肉，形成椭圆形虫斑，下表皮皱缩，叶面呈筛网状拱起，虫斑内有黑褐色虫粪。一片叶片上常有多个虫斑（图115）。

图115　叶片被害状

形态特征

成虫：体长约2.5毫米，体金黄色；前翅狭长，黄褐色，翅端前缘及后缘各有3条白色和褐色相间的放射状条纹；后翅尖细，有长缘毛（图116）。

卵：扁椭圆形，乳白色，半透明，有光泽。

幼虫：老熟幼虫体长约6毫米，纺锤形，稍扁，幼龄时淡黄色，老熟后变黄色（图117）。

蛹：长约4毫米，梭形，黄褐色（图118）。

图116 成虫

图117 幼虫

图118 蛹

发生特点

发生代数	大部分落叶果树产区1年发生4～5代，河南省中部地区和山东临沂地区发生6代
越冬方式	以蛹在被害叶中越冬，翌年苹果树发芽前开始羽化
发生规律	越冬代成虫于4月上旬出现，发生盛期在4月下旬。以后各代成虫的发生盛期分别为：第1代在6月中旬，第2代在7月中旬，第3代在8月中旬，第4代在9月下旬，第5代幼虫于10月底开始在叶内化蛹越冬
生活习性	雌虫将卵产于叶背，幼虫孵化后从卵与叶片接触部位咬破卵壳，直接蛀入叶内为害，老熟后在虫斑内化蛹。成虫羽化时蛹壳一般外露

防治适期 金纹细蛾防治的关键时期是各代成虫发生的盛期。其中5月下旬至6月上旬是第1代成虫的发生盛期，该时期防治优于后期防治。

防治措施

（1）**农业防治** 果树落叶后，结合秋施基肥，清扫枯枝落叶，深埋，消灭落叶中越冬蛹。

（2）**生物防治** 金纹细蛾的寄生蜂较多，有30余种，其中以金纹细蛾跳小蜂、金纹细蛾姬小蜂、金纹细蛾绒茧蜂、羽角姬小蜂最多。上述前三种数量较大，各代总寄生率20%～50%，其中以跳小蜂寄生率最高，越冬代约25%，在多年不喷药果园，其寄生率可达90%以上。

（3）**化学防治** 依据成虫在田间发生量测报结果，在成虫连续3日曲线呈直线上升状态时，预示即将到达成虫发生高峰期，同时结合田间为害状调查，适时开展化学防治。常用药剂有：35%氯虫苯甲酰胺水分散粒剂20 000倍液；25克/升高效氟氯氰菊酯乳油2 000倍液；25%灭幼脲悬浮剂2 000倍液；240克/升虫螨腈悬浮剂5 000倍液等。

棉铃虫

分类地位 棉铃虫（*Helicoverpa armigera* Hübner）属鳞翅目夜蛾科，又名棉铃实夜蛾。

棉铃虫

为害特点 成虫将卵散产在嫩叶、嫩梢及果实上，低龄幼虫主要取食嫩叶、嫩梢，造成孔洞和缺刻，三龄后可蛀食果实，多从果实中部钻蛀入果，幼虫头、胸部钻入果实内取食，腹部则暴露在果外，虫粪多产在果面上。幼果被害后形成褐色干疤或大孔洞，严重时导致受害果腐烂、落果或失去商品价值。该虫具有转果为害习性，1头幼虫可钻蛀多个果实。

形态特征

成虫：雌蛾黄褐色，雄蛾灰绿色，体长15～20毫米，翅展31～40毫米，前翅外横线有一深灰色宽带，带边有7个小点，环状纹圆形，其中有一暗斑，肾状纹暗灰色，后翅灰白色，中央有1个新月形黑斑，翅外缘有黑褐色宽带，带中有2个白斑。

卵：半球形，高0.46～0.52毫米，顶部微隆起，表面布满纵、横纹，初产乳白色，1天后卵表面出现褐色环，有时略带红色。

幼虫：体色多变，常见为褐色型（体淡红色，背线、亚背线褐色）和绿色型（体深绿色，背线、亚背线不太明显），有时也可见黄白色型（体黄白色，背线、亚背线淡绿色）和淡绿色型（体淡绿色，背线、亚背线不明显），腹部各节背面有许多小毛瘤，气门椭圆形，围孔片黑色（图119）。

蛹：纺锤形，长17～20毫米，初期淡绿色，渐变为深褐色，腹部末端有1对臀刺，刺基部分开，气门较大，围孔片呈筒状，突起较高，腹部第5～7节的点刻半圆形，较粗而稀。

图119 幼虫

发生特点

发生代数	华北地区1年发生4代
越冬方式	以蛹在土壤中越冬
发生规律	每年4月中下旬开始羽化，5月上中旬为羽化盛期。6月下旬至7月上旬发生第2代幼虫，8月上中旬、9月上中旬发生第3代与第4代，第2、3、4代具世代重叠，10月上中旬，幼虫老熟后入土化蛹。
生活习性	成虫昼伏夜出，对黑光灯、萎蔫的杨柳枝有强烈趋性。卵散产于嫩叶或果实上，刺蛾产卵期7～13天，卵期3～4天，低龄幼虫取食嫩叶，三龄后以蛀果为主，早晨有在叶面爬行的习性。第1代幼虫主要为害麦类、苜蓿、豌豆等早春作物，少数也可为害苹果等果树，之后各代均可为害苹果等果树的果实，以第2代幼虫为害最为严重

防治适期 成虫发生高峰期是喷药防治最佳时期。

防治措施

（1）**农业防治** 可利用杨柳枝把诱集成虫。具体方法：选取8～10根长50厘米左右的树枝捆成一把，一端捆紧，另一端绑一根木棍，将木棍插入土里，每10～15米设置1个，每天早晨捕杀诱集到的成虫，10～15天更换树枝把一次。进行果实套袋，避免幼虫为害果实。

（2）**物理防治** 在果园里安置黑光灯或频振式诱虫灯，诱杀成虫。

（3）**生物防治** 悬挂棉铃虫性引诱剂诱捕器，诱杀雄成虫。在棉铃虫各代卵期投放赤眼蜂,压低幼虫发生基数。

(4) **化学防治** 可在各代幼虫发生初期或成虫发生高峰期喷药防治。每代幼虫喷药1～2次,在上午10时前喷药效果最佳。常用药剂:1.8%阿维菌素乳油2 500～3 000倍液、1%甲氨基阿维菌素苯甲酸盐乳油2 000～3 000倍液、4.5%高效氯氰菊酯乳油1 500～2 000倍液、5%高效氟氯氰菊酯乳油3 000～4 000倍液、20%甲氰菊酯乳油1 500～2 000倍液、48%毒死蜱乳油1 200～1 500倍液、35%氯虫苯甲酰胺水分散粒剂5 000～7 000倍液、240克/升甲氧虫酰肼悬浮剂1 500～2 000倍液、20%灭幼脲悬浮剂1 500～2 000倍液、5%除虫脲乳油1 500～2 000倍液。还可选用生物农药进行防治,如每667米² 用8 000国际单位/毫克苏云金杆菌可湿性粉剂200～300克、20亿个/毫升棉铃虫核型多角体病毒悬浮剂55～60毫升。喷药时需注意不同类型药剂混用或交替使用,防止害虫产生耐药性。

美国白蛾 ·······························

分类地位 美国白蛾(*Hyphantria cunea* Drury)属鳞翅目灯蛾科,又称秋幕毛虫,是中国对外检疫对象。

为害特点 以幼虫蚕食果树叶片进行为害,幼虫可吐丝结网、群集为害是其重要特征(图120)。低龄幼虫在叶片上群集结网,于网内取食叶片,只啃食叶肉,残留表皮呈筛网状,随着幼虫逐渐增大,会将叶片啃成缺刻或仅留叶脉,网幕也会随着幼虫的蔓延逐渐扩大,可长达1.5米以上。幼虫长至四龄时,食量增大,分散出网食叶,严重时会将全树叶片啃食干净。虫量巨大时,幼虫还会转株为害。

图120 美国白蛾幼虫为害状

形态特征

成虫：雌成虫体长13～15毫米，翅展33～44毫米，通体白色，触角褐色锯齿状，复眼黑褐色，口器短且纤细，胸部背面密布绒毛，多数个体白色无斑点，少数腹部黄色有黑色斑点，前翅翅面很少有斑点，多数没有（图121）。雄成虫体长9～12毫米，翅展23～34毫米，触角黑色，双栉翅状，越冬代前翅背面有较多的黑褐色斑点，第1代成虫翅面上斑点较少。

卵：近球形，直径0.4～0.5毫米，初产时淡绿色，后变为灰绿色，孵化前转为灰褐色，有较强光泽。

幼虫：幼虫头部黑色，体色由黄绿色至灰黑色变化较大，低龄幼虫体色浅（图122），老龄幼虫体色深，背部两侧线之间有一条灰褐色至灰黑色宽纵带，背中线、气门上线、气门下线为黄色，背部毛瘤黑色，体侧毛瘤为橙黄色，毛瘤上生有灰白色长毛，老熟幼虫体长可达28～35毫米。

图121　雌成虫

图122　低龄幼虫

蛹：长纺锤形，长8～15毫米，暗红褐色，腹部各节有凹陷的刻点，臀刺8～17根，每根刺末端呈喇叭口状（图123）。

茧：长纺锤形，褐色或暗红色，由稀疏的丝混杂幼虫体毛组成（图124）。

图123 蛹

图124 茧

发生特点

发生代数	北方果区1年发生2～3代
越冬方式	在北方果区，以蛹在枯枝落叶、墙缝、表土层、树洞等处越冬
发生规律	5月上旬时，成虫开始出现，成虫发生10～15天后开始产卵。卵块多产于叶片背面，每块有300～500粒卵，卵期7天左右。幼虫孵化后不久即可吐丝结网，群集在网内取食叶片。幼虫四龄后开始分散为害，幼虫期35～42天。第1代幼虫发生期在6月上旬至7月下旬，发生期较整齐，第2代幼虫发生期在8月中旬至9月中旬，出现世代重叠现象，第3代幼虫发生期在9月下旬至10月中旬。老熟幼虫下树后在适宜场所结茧化蛹，末代幼虫在树干老皮下和建筑物缝隙内结茧越冬
生活习性	低龄幼虫具有吐丝结网和群集为害的习性，四龄后则开始分散为害。幼虫还具有较强耐饥能力，龄期越大，耐饥时间越长，七龄幼虫可耐饥15天左右，此特性有利于其远距离传播

防治适期 第1代幼虫发生期最为整齐，可通过多种方式进行集中消灭。

防治措施

（1）**检疫措施** 美国白蛾各虫态主要随植物性货物、包装、填充物，经交通运输工具等远距离传播，必须做好检疫工作，防止从疫区扩散蔓延。首先需划定疫区，设立防护带，严禁从疫区调出苗木、木材、水果等植物货品。货品自疫区调入后，一经发现美国白蛾，必须彻底销毁。此外，成虫具有一定飞翔能力，可飞行或借助风力传播，也可飞入各类交通运输工具进行远距离传播，为预防该虫扩散增加了难度。

（2）**物理防治** 根据幼虫群集结网的习性，在果园内一旦发现网幕应及时剪除烧毁，灭除白蛾幼虫，自9月底至10月初开始，在树干上绑缚草把，诱集准备越冬的幼虫，待入冬后将草把解下烧毁，消灭其中越冬虫蛹。

（3）**生物防治**　在果园内悬挂美国白蛾性引诱剂诱捕器来诱杀成虫。

（4）**化学防治**　在幼虫发生期施药防治，每代幼虫发生期内喷药1～2次。适用药剂有25%灭幼脲悬浮剂1 500～2 500倍液、20%除虫脲悬浮剂2 000～3 000倍液、5%杀铃脲悬浮剂1 250～2 500倍液、20%虫酰肼悬浮剂1 500～2 000倍液、10%虱螨脲悬浮剂1 000～2 000倍液、30亿个/毫升甜菜夜蛾核型多角体病毒悬浮剂800～1 000倍液、3%甲氨基阿维菌素苯甲酸盐微乳剂800～2 000倍液、10%虫螨腈悬浮剂1 667～3 300倍液、200克/升氯虫苯甲酰胺悬浮剂3 000～4 000倍液、2.5%高效氟氯氰菊酯水乳剂3 000～5 000倍液、4.5%高效氯氰菊酯乳油1 500～2 000倍液、480克/升毒死蜱乳油1 500～2 000倍液。

黄刺蛾

分类地位　黄刺蛾（*Cnidocampa flavescens* Walker）属鳞翅目刺蛾科，又称刺蛾、八角虫、八角罐、洋辣子、羊蜡罐、白刺毛。

为害特点　幼虫黄绿色，背面有紫褐色斑，色泽鲜艳，咬食叶片，低龄幼虫仅取食叶肉，大龄幼虫将叶脉咬成缺刻，叶片成网状，严重时仅剩叶柄；幼虫身体上有毒刺，触及人皮肤会导致痛痒、红肿（图125）。

图125　黄刺蛾幼虫为害状

形态特征

成虫：体橙黄色，雌蛾体长 15 ～ 17 毫米，翅展 35 ～ 39 毫米，雄蛾体长 13 ～ 15 毫米，翅展 30 ～ 32 毫米。前翅有 1 条细斜线自顶角伸向中室，斜线内半部黄色，外半部黄褐色。后翅灰黄色。

卵：扁椭圆形，长 1.4 ～ 1.5 毫米，宽 0.9 毫米，一端略尖，淡黄色，卵膜上有龟状刻纹。

幼虫：老熟幼虫体长 19 ～ 25 毫米，体粗大。头部黄褐色，隐藏于前胸下。胸部黄绿色，体背有紫褐色大斑纹，前后宽大，中部狭细成哑铃形，末节背面有 4 个褐色小斑（图 126）。

蛹：椭圆形，粗大，长 13 ～ 15 毫米。淡黄褐色，头、胸部背面黄色，腹部各节背面有褐色背板。

茧：椭圆形，质坚硬，表面具褐色斑纹。

图 126　幼虫

发生特点

发生代数	东北和华北果区 1 年发生 1 代，山东果区发生 1 ～ 2 代，黄河故道果区发生 2 代
越冬方式	以老熟幼虫在树干或枝条上结椭圆形硬茧越冬
发生规律	发生 1 代的地区，越冬幼虫于 6 月上中旬开始化蛹，6 月中旬至 7 月中旬为成虫发生盛期，幼虫发生期为 7 月中旬至 8 月下旬，8 月下旬以后，幼虫陆续老熟结茧越冬。 发生 2 代的地区，幼虫在 5 月上旬开始化蛹，5 月下旬至 6 月上旬开始羽化。成虫发生盛期在 6 月上中旬。卵期平均 7 天。第一代幼虫发生期在 6 月中下旬至 7 月上中旬，老熟幼虫在枝条上结茧化蛹，7 月下旬羽化。第二代幼虫在 8 月上中旬为害，8 月下旬陆续老熟结茧越冬
生活习性	成虫夜间活动，有趋光性。卵散产于叶背，低龄幼虫取食叶片下表皮与叶肉，残留上表皮，形成透明小圆斑，高龄幼虫将叶片啃食成孔洞、缺刻，严重时仅余叶脉

防治适期　防治关键时期是幼虫发生初期。

防治措施

（1）**农业防治**　结合冬春果树修剪等，彻底清除或砸碎越冬虫茧，还应清除果园周围防护林上的虫茧。夏季结合夏剪等农事操作，剪除幼虫密集的枝叶，深埋销毁。

（2）**物理防治** 利用成虫趋光性，在果园内设置黑光灯或频振式诱虫灯，诱杀成虫。

（3）**化学防治** 黄刺蛾在果园内多呈零星发生，一般不需要喷药专门防治，若果园内发生严重，可在幼虫发生初期进行喷药防治，每代幼虫期喷药1次即可。可选用药剂包括：25%灭幼脲悬浮剂1 500 ~ 2 000倍液、25%除虫脲悬浮剂1 500 ~ 2 000倍液、20%虫酰肼悬浮剂1 500 ~ 2 000倍液、35%氯虫苯甲酰胺悬浮剂6 000 ~ 8 000倍液、2%甲氨基阿维菌素苯甲酸盐水乳剂4 000 ~ 5 000倍液、2.5%高效氟氯氰菊酯水乳剂1 500 ~ 2 000倍液、4.5%高效氯氰菊酯乳油1 500 ~ 2 000倍液、480克/升或40%毒死蜱乳油1 500 ~ 2 000倍液。

苹果绵蚜

分类地位 苹果绵蚜（*Eriosoma Lanigerum* Hausmann）属半翅目绵蚜科，又称血色蚜虫、赤蚜、绵蚜等。

为害特点 主要以成虫和若虫群集于剪锯口、伤疤周围、枝干裂皮缝内、枝条叶柄基部和根部为害，严重时还可以为害果实。被害部位多数形成肿瘤，肿瘤易破裂，受伤处表面常覆盖一层白色棉絮状物，剥开后露出红褐色虫体，易于识别（图127、图128）。

图127 受害主枝

图128 受害主干

形态特征

　　成虫：无翅胎生雌蚜卵圆形，体长约2毫米，身体赤褐色；头部无额瘤，复眼暗红色；腹背有4条纵列的泌蜡孔，分泌的白色蜡质物聚集在受害处呈棉絮状；腹管退化成环状，仅留痕迹，呈半圆形裂口（图129）。有翅胎生雌蚜的体长较无翅胎生雌蚜稍短，头、胸部黑色，翅透明，翅脉和翅痣黑色，前翅中脉有1分支；腹部暗褐色，覆盖的白色棉絮状物较无翅雌虫少；腹管退化为黑色环状孔。有性雌蚜体长0.6～1毫米，淡黄褐色；触角5节，口器退化；头部、触角及足为淡黄绿色，腹部赤褐色。有性雄蚜体长0.7毫米左右，体黄色；触角5节，末端透明，口器退化；腹部各节中央隆起，有明显沟痕。

图129　无翅孤雌胎生蚜

　　卵：椭圆形，长径约0.5毫米，中间稍细，初产为橙黄色，渐变褐色。

　　若虫：低龄若虫略呈圆筒状，绵毛很少，触角5节，喙长超过腹部。四龄若虫体型似成虫。

发生特点

发生代数	在山西1年发生20代，山东青岛地区1年发生17～18代，辽宁大连地区13代以上
越冬方式	苹果绵蚜多以若蚜在主干或根颈处群集越冬

（续）

发生规律	4月底至5月初，越冬若虫发育为无翅孤雌成虫，5月底至6月为扩散迁移盛期，到8月下旬气温下降后，虫量又开始上升，9月1龄若虫向枝梢扩散为害，形成全年第2次为害高峰。10月下旬以后，若虫爬至越冬部位开始越冬
生活习性	蚜虫分泌蜡丝，形成白色棉絮状的蜡质保护层，具潜伏裂缝的习性

【防治适期】　根据其越冬习性，可于萌芽前刮除老树皮或在若蚜刚开始为害时集中喷药防治。

【防治措施】

（1）**植物检疫**　应加强植物检疫，防止苹果绵蚜扩散蔓延。不在苹果绵蚜发生区育苗、不采接穗。严禁从疫区向非疫区调运苗木、接穗及其他繁殖材料。调运果品时也应严格检验，杜绝通过果品运输渠道扩散和蔓延。

（2）**农业防控**　苹果绵蚜主要发生在老果园以及管理粗放的苹果园，应提高果园的管理质量，科学修剪，中耕锄草，及时刮除粗翘皮，刮除树缝、树洞、伤口处的苹果绵蚜，剪掉受害枝条上的苹果绵蚜群落。操作时在树下平铺一块塑料布，将刮、铲下的树皮及残渣、枝条集中烧毁，以防再度为害果树。还可以铲除无用根蘖，刷树枝、堵树洞和喷雾灌根，都能有效地防治苹果绵蚜。另外，还应加强肥水管理，提高树势，增强树体的抵抗力。

（3）**生物防治**　主要是保护和利用天敌。苹果绵蚜的天敌主要有日光蜂、草蛉、瓢虫等。其中日光蜂的寄生率很高，对苹果绵蚜有显著的控制作用。山东青岛在自然条件下，7～8月日光蜂的产卵数量远远超过苹果绵蚜产卵量，因此寄生率可达80%左右，对苹果绵蚜起到很大的抑制作用，但是在春秋两季寄生率低，对苹果绵蚜的控制作用较弱。有条件的果园可以人工繁殖释放或引进释放天敌。

（4）**化学防治**　苹果绵蚜多以若蚜在主干或根颈处群集越冬，可于萌芽前刮除老树皮或若蚜刚开始为害时喷药防治。在辽宁西部，一般在5月中旬至6月中旬、8月中旬至9月中旬苹果绵蚜发生高峰期前进行喷药。可用的药剂包括40%毒死蜱乳油1 500倍液、480克/升毒死蜱乳油2 000倍液、22.4%螺虫乙酯悬浮剂3 000～4 000倍液。

绣线菊蚜 ··

分类地位 绣线菊蚜（*Aphis citricola*）属半翅目蚜科，又称苹果黄蚜，俗称腻虫、蜜虫。

为害特点 以成蚜和若蚜刺吸新梢和叶片汁液进行为害。若蚜、成蚜常群集在新梢上和叶片背面为害，受害叶片向背面横卷，严重时新梢上叶片全部卷缩，严重影响新梢生长和树冠扩大（图130）。虫口密度大时，许多蚜虫还爬至幼果上为害。

形态特征

成虫：无翅孤雌胎生蚜体长1.6～1.7毫米，宽约0.95毫米。体黄色或黄绿色，头部、复眼、口器、腹管和尾片均为黑色，触角显著比体短，腹管圆柱形，末端渐细，尾片圆锥形，生有10根左右弯曲的毛。有翅胎生雌蚜体长约1.6毫米，翅展约4.5毫米，体黄绿色，头、胸、口器、腹管和尾片均为黑色，触角丝状6节，较体短，体两侧有黑斑，并具明显的乳头状突起（图131）。

卵：椭圆形，长径约0.5毫米，漆黑色，有光泽。

若虫：体鲜黄色，无翅若蚜腹部较肥大，腹管短，有翅若蚜胸部发达，具翅芽，腹部正常。

图130 为害状

图131 成蚜及若蚜

发生特点

发生代数	1年发生10余代
越冬方式	以卵于枝条的芽旁、枝杈或树皮缝等处越冬
发生规律	5月下旬可见到有翅孤雌胎蚜，6～7月繁殖速度明显加快，虫口密度明显提高，出现枝梢、叶背、嫩芽群集蚜虫，多汁的嫩梢是蚜虫繁殖发育的有利条件。8～9月雨量较大时，虫口密度会明显下降，至10月开始，全年中的最后1代为雌、雄有性蚜，进行两性生殖，产卵越冬
生活习性	常在苹果树嫩梢新叶上群集为害，严重时造成卷叶

防治适期 冬、春季结合农事操作杀灭越冬卵。苹果树生长季可在发生严重时喷药防治。

防治措施

（1）**农业防治** 冬季结合刮老树皮，进行人工刮卵，消灭越冬卵。幼树园可在春季蚜虫发生量少时，及时剪掉被害新梢并集中销毁，可有效控制虫害蔓延。

（2）**生物防治** 绣线菊蚜的天敌很多，主要有瓢虫、草蛉、食蚜蝇和寄生蜂等，这些天敌对绣线菊蚜有很强的控制作用，应当注意保护和利用。北方小麦产区，麦收后有大量天敌迁往果园，这时在果树上应尽量避免使用广谱性杀虫剂，以减少对天敌的伤害。

（3）**化学防治** 苹果花芽萌动期喷洒99%的机油乳剂，杀越冬卵有较好效果。苹果树生长期喷布：22%氟啶虫胺腈悬浮剂10 000～15 000倍液、5%啶虫脒乳油3 500倍液、10%吡虫啉可湿性粉剂3 000倍液等。

易混淆虫害 绣线菊蚜与苹果瘤蚜是苹果树常见的两种为害叶片的蚜虫，可从以下几点加以区分：

（1）**成虫** 绣线菊蚜无翅孤雌胎生蚜黄色，苹果瘤蚜无翅胎生雌蚜暗绿色，两者色差较大，可以区分两种蚜虫。

（2）**田间为害状** 绣线菊蚜主要对苹果树新梢和新叶造成为害，严重时造成卷叶，叶片向背面横卷；苹果瘤蚜对苹果树新叶、老叶均能造成为害，叶片受害严重时向背面纵卷，成双筒状。

苹果瘤蚜

分类地位 苹果瘤蚜（*Myzus malisuctus* Matsumura）属半翅目蚜科，又名卷叶蚜虫。

为害特点 成蚜、若蚜群集于叶片及嫩芽上吸食汁液，被害叶片由两侧向背面纵卷成双筒状（图132），叶片皱缩，蚜虫在卷叶内为害，叶外面看不到蚜虫。被害严重的新梢叶片全部卷缩，渐渐枯死。苹果瘤蚜发生期较早，通常仅为害局部新梢，只有严重时才有可能为害全树枝梢。

图132 叶片纵卷成双筒状

形态特征

成虫：无翅胎生雌蚜体长约1.5毫米，暗绿色，头部额瘤明显；有翅胎生雌蚜的头、胸部均为黑色，腹部暗绿色，头部额瘤明显（图133）。

卵：椭圆形，长约0.6毫米，漆黑色。

若虫：体小，淡绿色，体型与无翅胎生雌蚜相似（图134）。

图133 成虫

图134 若虫

发生特点

发生代数	1年发生10多代
越冬方式	以卵在一年生枝条芽缝、剪锯口等处越冬
发生规律	翌年果树萌芽时，越冬卵孵化，初孵幼蚜群集在芽或叶上为害，经10天左右即产生无翅胎生雌蚜，其中也有少数有翅胎生雌蚜。自春季至秋季均孤雌生殖，5～6月为害最重，盛期在6月中下旬。10～11月出现有性蚜，交尾后产卵，以卵越冬
生活习性	该虫会造成苹果叶片卷曲，在卷叶内群集为害

防治适期　重点抓好蚜虫越冬卵孵化期进行防治，在卷叶以前用药。

防治措施

（1）**农业防治**　结合春季修剪，剪除被害枝梢。局部发生时，可通过剪除受害部位或摘除枝梢卷叶来减轻其为害。

（2）**生物防治**　该虫的天敌主要有瓢虫、草蛉和食蚜蝇等，其中瓢虫是其主要捕食类群，尤其是在我国中南部地区，麦收后田间瓢虫大多转移到果园，成为抑制蚜虫发生的主要因素，此时应减少果园喷药，保护天敌。

（3）**化学防治**　该虫为害叶片时形成的卷筒很紧，蚜虫隐蔽其中，防治比较困难，因此应在卷叶以前用药，才能收到理想的防治效果。常用药剂同绣线菊蚜。

易混淆虫害　参照绣线菊蚜。

康氏粉蚧 ···········

分类地位　康氏粉蚧（*Pseud ococcus comstocki* Kuwana）属半翅目粉蚧科，又称桑粉蚧、梨粉蚧、李粉蚧。

康氏粉蚧

为害特点　以雌成虫和若虫、幼虫刺吸汁液为害，芽、叶、果实、枝干及根部均可受害，但以果实受害损失较重（图135～图137）。果实上多在萼洼、梗洼处刺吸为害，既影响果实着色，又分泌蜡粉污染果面，并常诱发苹果煤污病，对果品质量影响很大，特别是套袋果实，为害严重果园虫果率可达40%～50%，损失惨重。枝干及根部受害时一般无异常表现，严重时导致树势衰弱。

图135　康氏粉蚧为害嫩梢　　图136　康氏粉蚧　　图137　康氏粉蚧为害叶片
　　　　　　　　　　　　　　　　　　为害枝干

形态特征

　　成虫：雌成虫椭圆形，较扁平，体长3～5毫米，体粉红色，表面被白色蜡粉，体缘具17对白色蜡丝，体前端的蜡丝较短，后端最末1对蜡丝较长，几乎与体长相等，蜡丝基部粗，尖端略细；胸足发达，后足基节上有较多的透明小孔；臀瓣发达，其顶端生有1根臀瓣刺和几根长毛。雄成虫体褐色，体长约1毫米，翅展约2毫米，翅1对，透明，后翅退化成平衡棒，具尾毛。

　　卵：椭圆形，长约0.3毫米，浅橙黄色，数十粒集中成块，外覆薄层白色蜡粉，形成白絮状卵囊。

　　若虫：初孵若虫体扁平，椭圆形，淡黄色，外形似雌成虫。

　　蛹：仅雄虫有蛹期，蛹浅紫色，触角、翅、足均外露。

发生特点

发生代数	1年发生3代
越冬方式	以卵在各种缝隙及土石缝处越冬，少数以若虫和受精雌成虫越冬
发生规律	卵孵化后开始分散为害，第1代若虫盛发期为5月中下旬，6月上旬至7月上旬陆续羽化，交配产卵。第2代若虫6月下旬至7月下旬孵化，盛期为7月中下旬，8月上旬至9月上旬羽化，交配产卵。第3代若虫8月中旬开始孵化，8月下旬至9月上旬进入盛期，9月下旬开始羽化，交配产卵越冬。翌年2月下旬开始出现若虫，3月上中旬上树较多
生活习性	喜阴怕光，随着果实套袋技术推广，果袋内阴暗环境为康氏粉蚧创造了良好的栖息环境

防治适期 冬季修剪，清除虫卵。一龄若虫活动时施药，在若虫分散转移期分泌蜡粉前施药防治最佳。

防治措施

（1）**农业防治** 结合冬季修剪，清除虫卵，疏除受害严重的枝条，彻底烧毁枯枝杂物，降低越冬基数，以减少来年虫源。

（2）**生物防治** 注意保护和利用天敌。康氏粉蚧的天敌有瓢虫和草蛉等，利用天敌防治介壳虫是比较彻底又环保的办法。

（3）**化学防治** 在1龄若虫分泌蜡粉前施药防治。可选用的药剂：24%螺虫乙酯悬浮剂4 000～5 000倍液、40%毒死蜱乳油1 000倍液、25%噻嗪酮可湿性粉剂1 000倍液等。

绿盲蝽

分类地位 绿盲蝽（*Apolygus lucorum* Meyer-Dür）属半翅目盲蝽科。

为害特点 在苹果上主要以成虫和若虫刺吸幼嫩组织，如新梢、嫩叶、幼果等。嫩叶受害，形成褐色坏死斑点，随着叶片生长，逐渐形成不规则的黑色斑和孔洞，严重时叶片扭曲、皱缩、畸形（图138）。幼果受害，果皮下出现坏死斑点，随着果实膨大，刺吸点处逐渐凹陷，形成直径

图138 若虫为害嫩叶

0.5～2.0毫米的木栓化凹陷斑。果实上受害点多时表现畸形，品质显著降低。

形态特征

成虫：体长5～5.5毫米，宽约2.5毫米，长卵圆形，全体绿色，头宽短，复眼黑褐色、突出（图139）。前胸背板深绿色，密布刻点。小盾片三角形，微突，黄绿色，具浅横皱纹。前翅革片为绿色，革片端部与楔片相接处呈灰褐色，楔片绿色，膜区暗褐色。

卵：黄绿色，长口袋形，长1毫米左右，卵盖黄白色，中央凹陷，两端稍微突起。

若虫：共5龄，体型与成虫相似，全体鲜绿色，三龄开始出现明显的翅芽（图140）。

图139　绿盲蝽成虫

图140　绿盲蝽若虫

发生特点

发生代数	1年发生5代
越冬方式	以卵在杂草、树皮裂缝及浅层土壤中越冬
发生规律	第1代为害盛期在5月上中旬，第2代为害盛期在6月中旬左右，第3、4、5代发生时期分别在7月中旬左右、8月中旬左右、9月中旬左右。苹果树上以第1、2代为害较重，第3～5代为害较轻
生活习性	成虫在植物组织中产卵，同时集中在傍晚至凌晨活动

防治适期　苹果开花前后是喷药防治的关键时期。

防治措施

（1）**农业防治**　做好果园清洁工作，以消灭越冬虫源为基础，破坏害虫越冬场所。

（2）**化学防治**　果树发芽前，喷施1次3～5波美度石硫合剂或45%石硫合剂晶体40～60倍液，杀灭越冬虫卵。苹果开花前后是喷药防治的关键期，需各喷药1次；个别受害严重果园，落花后半个月左右再连续喷药1～2次。常用有效药剂有70%吡虫啉水分散粒剂10 000倍液、22%氟啶虫胺腈悬浮剂1 000～1 500倍液、50克/升顺式氯氰菊酯乳油800倍液、25%噻虫嗪水分散粒剂4 000倍液等。

白星花金龟

分类地位　白星花金龟（*Potosia brevitarsis* Lewis）属鞘翅目金龟科，又称白纹铜花金龟、白星花潜、白星金龟子、铜克螂。

为害特点　主要以成虫啃食芽嫩尖、嫩叶、花器与果实，将嫩尖吃光，嫩叶咬成缺刻，花器被咬伤或吃光，果实被啃成空洞。

形态特征

成虫：体长17～24毫米，宽9～12毫米，椭圆形，体黑铜色，具古铜或青铜色光泽，体表散布众多不规则白绒斑，唇基前缘向上折翘，中凹，两侧具边框，外侧向下倾斜，触角深褐色；复眼突出，前胸背板具不规则白绒斑，后缘中凹，前胸背板后角与鞘翅前缘角之间有一个三角片甚显著，即中胸后侧片；鞘翅宽大，近长方形，遍布粗大刻点，白绒斑多为横向波浪形，臀板短宽，每侧有3个白绒斑呈三角形排列；腹部1～5腹板两侧有白绒斑；足较粗壮，膝部有白绒斑，后足基节后外端角尖锐，前足胫节外缘3齿，各足跗节顶端有2个弯曲爪（图141）。

图141　成虫

卵：椭圆形，乳白色，长1.7～2毫米。

幼虫：俗称蛴螬，体长24～39毫米，常弯曲成C形。头部黄褐色，腹末节大，肛腹片上有两纵列刺毛，每行刺毛19～22根，刺毛排列呈倒U形。

蛹：体长20～23毫米，初期白色，后变为黄褐色。

发生特点

发生代数	1年发生1代
越冬方式	以幼虫在土壤或秸秆沤制的堆肥中越冬
发生规律	翌年3月开始活动，4月下旬及5月上中旬为害玉米种子及幼苗，5月即出现成虫，6～7月为盛发期
生活习性	成虫白天活动，有假死习性，对酒、醋味有趋性，飞翔力很强，常群聚为害玉米的雄花、雌蕊花柱和灌浆期的幼嫩籽粒，产卵于土壤中。幼虫（蛴螬）多以土壤中或沤制堆肥中的腐败物为食

防治适期 根据成虫假死习性，在其发生盛期，人工捕杀，集中消灭。若果园虫害发生严重，须在苹果开花前喷施药剂进行防治。

防治措施

（1）**农业防治** 利用成虫假死习性，在成虫发生盛期，清晨温度较低时振落捕杀。利用成虫的趋化性进行糖醋液诱杀，糖醋液的配比为红糖：醋：酒：水＝5：3：1：12。

（2）**化学防治** 在5月上中旬苹果开花前喷20%甲氰菊酯乳油1 500倍液、40%敌敌畏乳油1 000～1 500倍液、75%辛硫磷乳剂1 500倍液等杀虫剂1次。如果虫量较大，在落花后再喷一次同样的药剂。

苹毛丽金龟

分类地位 苹毛丽金龟（*Proagopertha lucidula* Fal d ermann）属鞘翅目丽金龟科，又称苹毛金龟子、长毛金龟子。

为害特点 主要以成虫在果树花期取食花蕾、花朵及嫩叶，虫量较大时可将幼嫩部分吃光，严重影响产量及树势（图142）。幼虫以植物的细根和腐殖质为食，为害不明显。

图142 苹毛丽金龟成虫为害苹果花

形态特征

成虫：卵圆形，体长9～10毫米，宽5～6毫米，虫体除鞘翅和小盾片光滑无毛外，皆密被黄白色细绒毛，雄虫绒毛长而密；头、胸背面紫铜色，鞘翅茶褐色，有光泽，半透明，透过鞘翅透视，后翅折叠成V形，腹部末端露在鞘翅外。

卵：乳白色，椭圆形，长约1毫米，表面光滑。

幼虫：老熟幼虫体长15～20毫米，体乳白色，头部黄褐色，前顶有刚毛7～8根，后顶有刚毛10～11根；唇基片呈梯形，中部有一横线；肛腹板后部刺毛群中间两列刺毛排列整齐。

蛹：蛹长10毫米左右，裸蛹，淡褐色，羽化前变为深红褐色。

发生特点

发生代数	1年发生1代
越冬方式	以成虫在30厘米左右的土层内越冬
发生规律	成虫为害约1周后交尾入土产卵，卵期10天左右，一至二龄幼虫在10～15厘米的土层内生活，三龄后开始下移至20～30厘米的土层中化蛹，8月中下旬为化蛹盛期。9月上旬开始羽化为成虫，即在深土层中越冬
生活习性	成虫有假死习性而无趋光性

防治适期 在5月上中旬苹果开花前喷施药剂防治。

防治措施

（1）**农业防治** 利用其假死习性，在成虫发生期，于清晨或傍晚将虫振落，树下用塑料布接虫，集中消灭。

（2）**物理防治** 成虫发生期，利用其趋化性进行糖醋液诱杀。糖醋液的配方为糖：醋：水：酒＝1：1：2：16，并定期更换。

（3）**化学防治** 可参照白星花金龟。

大青叶蝉

分类地位 大青叶蝉（*Cicadella viridis* L.）属半翅目叶蝉科，又称大绿浮沉子、青叶跳蝉。

为害特点 成虫、若虫均可刺吸枝梢、叶片等较幼嫩组织的汁液，在果树上主要以成虫产卵为害，对幼树的为害更重。晚秋季节雌成虫用其锯状产卵器刺破枝条表皮，使其呈月牙状翘起，将6～12粒卵产在其中，卵粒排列整齐，呈肾形凸起。虫量大时导致枝条遍体鳞伤，抗低温及保水能力降低，常导致春季抽条，严重时致使枝条枯死、植株死亡（图143、图144）。

图143 新枝受害状

图144 主干受害状

形态特征

成虫：体长7～10毫米，体黄绿色；头黄褐色，复眼黑褐色，头部背面有2个黑点，触角刚毛状；前胸背板前缘黄绿色，其余部分深绿色；前翅绿色，革质，尖端透明；后翅黑色，折叠于前翅下方；足黄色（图145）。

卵：长约1.6毫米，稍弯曲，一端稍尖，乳白色，数粒整齐排列成卵块（图146）。

若虫：共5龄，低龄若虫体灰白色，三龄以后黄绿色，胸部及腹部背面具褐色纵条纹，并出现翅芽，老熟若虫体似成虫，仅翅未形成。

图145　成虫

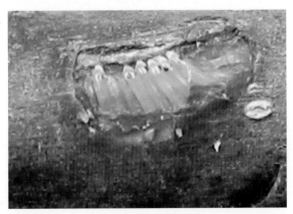

图146　卵

发生特点

发生代数	1年发生3代
越冬方式	以卵在苹果树枝条或苗木的表皮下越冬
发生规律	卵在春季果树萌动至开花前孵化，若虫迁移到附近杂草或蔬菜上，若虫期1个月后，开始羽化。第1、2代主要为害玉米、高粱、麦类及杂草，第3代为害晚秋作物如薯类、豆类等，这些作物收获后又转移到白菜、萝卜上为害，10月中下旬成虫飞到果树上产卵越冬。夏卵期9～15天，越冬卵期长达5个月
生活习性	若虫喜欢群集为害，成虫具有很强的趋光性，喜欢停歇在潮湿背风的地方

防治适期　在成虫产卵前防治。成虫大发生时，于产卵期防治。

防治措施

（1）**农业及物理防治**　在成虫产卵前将树干涂白，涂白剂配方为生石灰10份，石硫合剂2份，食盐1～2份，黏土2份，水36～40份，加少量杀虫剂。成虫在树干产卵后用木棍擀树干表面，压死虫卵。成虫发生期可利用黑光灯诱杀成虫。另外，果园内不要间作秋菜，以避免为其提供转移寄主。

（2）**化学防治**　成虫大发生时，于产卵期喷布杀虫剂，除树上喷药外，还要喷洒行间的杂草。常用药剂有50%辛硫磷乳油1 000倍液、2.5%高效氟氯氰菊酯乳油2 000～2 500倍液等。

PART 3

绿色防控技术

农业防治 ···

　　农业防治是防治苹果树病虫草害所采取的农业技术综合措施，它一是通过调整和改善苹果树的生长环境，以增强果树对病虫草害的抵抗能力；二是通过创造不利于病原物、害虫和杂草生长发育或传播的条件，来达到控制、避免或减轻病虫草害。农业防治如能同物理、化学防治等配合进行，可取得更好的效果。

　　苹果生产中常用的农业防治措施有土肥水管理、改善果园光照、改变生境等。

　　1. **土肥水管理**　果园的土肥水管理传统上认为是果树栽培措施，但实际上其与果树病虫害的发生有着密切的关系，其相关措施的合理应用，不但对增强树势、提高果树抵御病虫害能力有重要作用，而且还能对与土肥水关系密切的病原物、害虫起到较好的防治作用。如，及时的深翻土壤，不但可以增强土壤的透气性，而且可以使在深层土壤中生存和越冬的病虫害暴露，起到一定的防治作用；多施用有机肥，少施含氮量高的化学肥料可以降低叶螨对叶片的为害；果园生草有利于园内土壤和空气温湿度的调节，有助于提升果园生物丰富度（图147、图148）；树盘覆盖地膜可阻止害虫钻出土表，同时膜下高温可杀死部分害虫（图149、图150）。

图147　果园行间种植白三叶草

图148　果园行间自然生草

图149　乔砧稀植果园地膜覆盖

图150　矮化密植果园地膜覆盖

2.改善光照　改善果园光照条件，也有利于果园行间和株间通风。一般情况下，通风透光差、相对郁闭的果园容易发生病虫害。整形修剪是改善果园光照的主要措施，可以创造不利于病虫害发生的条件，减少病虫（图151～图153）。

图151　春季疏除过密枝

图152　夏季剪除旺枝、密枝

图153　高通风透光果园

3. 改变病虫害生境　　生存环境包括土壤、水分、光照、空气等，直接影响昆虫和病原菌的生存和发展。通过人为改变生境中的某些因素，可有效控制病虫害。在苹果生产中的应用主要包括：清洁果园，将病虫果、落叶（图154）、带卵枝条等进行集中烧毁或深埋，以降低翌年病虫害基数，如金纹细蛾、卷叶虫、桃小食心虫、叶螨等；减少间作，以降低二斑叶螨、鳞翅目食叶害虫等杂食性害虫在果园的发生。

图154　树下落果和落叶是病虫的传播介体

4. 刮治树皮　　对于枝干病害，在果树休眠期和春季树体萌动后及时刮去枝干上的粗皮和病斑并烧毁（图155），以降低初始菌源量，并及时涂药，结合冬剪剪除病枝、枯枝，并将剪下的枝条清出果园深埋或烧毁。避免苹果树与杨、柳、槐、桃树等混栽，避免树种间病害的交叉侵染。

图155　刮除树干表面粗皮

物理防治 ·······················

　　物理防治是指通过创造不利于病虫发生但却有利于或无碍于苹果树生长的生态条件的防治方法。它可通过调控病虫对温度、湿度、光谱、颜色、声音或相关习性等的反应能力，控制或杀死、驱避、隔离病虫。苹果生产中常用的物理防治技术主要有诱虫带、杀虫灯、粘虫板、果实套袋等。

　　1.绑缚诱虫带　苹果园内许多害虫具有潜藏越冬性，休眠时寻找理想越冬场所。果树专用诱虫带利用害虫的这一特性，人为设置害虫冬眠场所，集中诱集捕杀，以达到减少越冬虫口基数、控制翌年害虫种群数量的目的。诱虫带也可用粘虫胶代替（图156）。

　　（1）**使用方法**　在害虫潜伏越冬前的8～10月，将诱虫带对接后用胶布绑扎固定在果树第1分枝下5～10厘米处，或各主枝基部5～10厘米处，诱集沿树干向下爬，寻找越冬场所的害虫（图157）。一般待害虫完全潜伏休眠后到出蛰前(12月至翌年2月底)，集中解下诱虫带烧毁或深埋。

　　（2）**防治对象**　可能诱获的害虫有叶螨类、康氏粉蚧、卷叶蛾、毒蛾等。

图156树干基部涂抹粘虫胶

图157　果园树干基部绑诱虫带

2. 安置杀虫灯　杀虫灯是利用害虫的趋光、趋波的特性，选用对害虫有极强诱杀作用的杀虫灯，引诱害虫扑灯，通过高压电网杀死害虫。

（1）**具体用法**　在果园内按棋盘和闭环状设置安装点，灯间距100～120米，距地高度1～1.5米（图158、图159）。安装时需将灯挂牢固定，使用时间依据各地日落情况，一般在傍晚开灯，凌晨左右关灯。

（2）**防治对象**　金纹细蛾、苹小卷叶蛾、桃小食心虫、梨小食心虫、天牛、金龟子等。

图158　苹果树间挂杀虫灯

图159　果园杀虫灯诱杀害虫状

3. 悬挂粘虫板　粘虫板是一种绿色、环保、易操作的物理杀虫产品，是无公害果品生产中防治害虫的有效方法之一。

（1）**具体用法**　粘虫板一般在害虫发生初期使用，使用时垂直悬挂在树冠中层外缘的南面。可以先悬挂3～5片监测虫口密度，当诱虫板上虫量增加时，每667米^{2}果园悬挂规格为15厘米×20厘米的黄色粘虫板25～30片（图160、图161）。当害虫粘满诱虫板时，用竹片或其他硬物及时将死虫刮掉，然后重涂一次机油，继续使用。使用过程中要严格掌握摘取时间，天敌种群高峰期应及时摘除，否则将会诱杀到天敌昆虫。

（2）**防治对象**　蚜虫、粉虱、斑潜蝇、蓟马等。

图160　苹果园悬挂粘虫板　　　　图161　黄色粘虫板诱杀蚜虫状

4．果实套袋　　果实套袋是近年来在全国各地应用较为广泛的提升果实商品性状的有效措施之一（图162～图164），其最大的好处是将果实与外界隔绝，病虫难以侵害果实，不但可有效防治病虫害，而且可减少果实农药残留，生产绿色果品。

（1）**套袋方法**　　从落花后1周开始，先喷一次内吸性杀菌剂，间隔10天左右再喷1次，然后开始套袋，在套袋期间若出现降雨，未套袋的部分果树重新补喷杀菌剂。

（2）**摘袋时期**　　根据各地具体的气候条件确定，双层袋要先摘外袋，隔3～5天再去内袋，并配合摘叶转果加速着色。

图162　单果套袋状

图163　全树套袋状

图164　全园套袋

生物防治

生物防治就是利用生物种间和种内的捕食、寄生等相互关系，用一种生物防治另外一种生物，或利用环境友好的生物制剂等杀灭病虫，以达到防治病虫的目的。果园的生态系统较为稳定，不像水稻、小麦、玉米、棉花、蔬菜等大田作物因季节性收获造成食物链的中断，因此为其中的各种生物提供了良好的具有连续性的生态环境，这种特殊的生境决定了生物防治在苹果园中广泛的应用前景。

生物防治的基本措施有两类：一是大量引进外来有益生物；二是调节环境条件，使已有的有益生物群体增长并发挥作用。在应用方法上可归纳为三大技术体系：一是传统生物防治，包括使用无性繁殖材料、改革耕作制度、保持田园卫生、改进栽培技术、合理调节环境因素、优化水肥管理等农业技术；二是本地天敌的自然保护与利用；三是微生物农药的产品化。苹果生产上经常采用的生防措施主要包括：引进释放天敌、性诱剂引诱、施用生物农药、果园生草等。

1. 引进释放天敌　目前世界范围内生产的昆虫和螨类天敌主要有寄生蜂、捕食螨、小花蝽、草蛉和瓢虫等，此外还有少量的昆虫病原线虫和昆虫病原微生物（图165～图174）。果园中可以应用的主要天敌见下表。

类别	天敌	防治对象
捕食螨	胡瓜钝绥螨、智利小植绥螨、西方盲走螨等	蓟马、害螨、粉虱等
瓢虫	七星瓢虫、深点食螨瓢虫、光缘瓢虫等	蚜虫、害螨、粉虱、介壳虫等
草蛉	普通草蛉、叶通草蛉、红通草蛉等	蚜虫、粉虱、鳞翅目幼虫卵等
寄生蜂	苹果绵蚜蚜小蜂、赤眼蜂、丽蚜小蜂等	苹果绵蚜、鳞翅目幼虫、粉虱等
捕食蝽	小花蝽、欧原花蝽、大眼长蝽等	蓟马、蚜虫、粉虱、叶螨等
双翅目	食蚜瘿蚊、食蚜蝇等	蚜虫、叶螨等
螳螂	中华大刀螳、薄翅螳螂等	多种害虫

图165　田间释放捕食螨

图166　捕食螨捕食山楂叶螨

图167　中华大草蛉成虫

图168　中华大草蛉幼虫

图169　异色瓢虫成虫

图170　异色瓢虫幼虫

图171　龟纹瓢虫成虫

图172　龟纹瓢虫幼虫

图173　食蚜蝇成虫

图174　食蚜蝇幼虫

2.性诱剂引诱　　在生产上应用的人工合成的昆虫性信息素一般称性引诱剂，简称性诱剂。用性诱剂防治害虫，是一种高效、无毒、无污染的治虫技术。目前性诱剂产品多做成诱芯，性诱剂的使用也十分简便，操作时依据说明合理安排设置密度，对害虫具有较好的防治效果。

　　苹果生产上常用的性诱剂包括：桃小食心虫性诱剂、梨小食心虫性诱剂、金纹细蛾性诱剂、苹小卷叶蛾性诱剂等。其作用体现在虫情测报、延迟交配和迷向等方面（图175～图178）。

图175　桃小食心虫性诱剂

图176　性诱剂诱捕器制作

图177　胶条式性干扰剂

图178　田间悬挂性诱剂诱捕器

3.施用生物农药 生物农药是指利用生物活体（真菌、细菌、昆虫病毒、转基因生物、天敌等）或其代谢产物（信息素、生长素等）针对农业有害生物进行杀灭或抑制的制剂。其与常规农药的区别在于独特的作用方式，即低使用剂量和靶标种类的专一性，从而有利于环境和食品安全。目前苹果生产防治果园病虫的常用生物农药种类及防治对象见下表。

制剂名称	防治对象
苏云金杆菌制剂	桃小食心虫、金纹细蛾、尺蠖、舞毒蛾、刺蛾等多种鳞翅目幼虫
阿维菌素	二斑叶螨、山楂叶螨、苹果全爪螨、绣线菊蚜、金纹细蛾等
灭幼脲	金纹细蛾等鳞翅目害虫
杀铃脲	桃小食心虫、金纹细蛾等
杀虫双	山楂叶螨、苹果全爪螨、卷叶蛾、梨星毛虫等
绿僵菌、白僵菌	桃小食心虫等鳞翅目害虫
抗霉菌素120	苹果白粉病、苹果炭疽病、苹果腐烂病等
多抗霉素	苹果斑点落叶病、苹果霉心病、苹果黑点病
井冈霉素	苹果轮纹病、苹果褐腐病等
哈茨木霉	苹果白绢病
腐必清	苹果腐烂病

4.果园生草 果园生草作为一项生防措施，主要体现在能有效改善果园的生态环境，为果园的天敌提供必要的庇护场所，以达到增加瓢虫、草蛉、捕食螨等天敌数量的目的，另外也可使一些害虫由为害树体转为为害草，从而降低果园害虫对果树的为害程度，减少化学农药的使用量。

化学防治 ·····················

化学防治是用化学药剂的毒性来防治病虫害。化学防治是目前苹果生产中病虫防治的主要措施，也是综合防治中的一项重要措施。

1.在关键时期用药 病虫害分为初发、盛发、末发3个时期。虫害和叶部多次侵染病害应在发生量小、尚未开始大量爆发之前防治，将其控制在初发阶段，而对于具有潜伏侵染的枝干病害，既要在快速扩展前期及时刮治，还要注重其孢子释放高峰期和侵染高峰期的及时喷药防治。抓住关键时期用药，不仅可以降低用药量，还可以起到较好的防治效果（图179、图180）。

图179　早春喷洒农药降低越冬病虫源　　　图180　夏季根据测报及时喷药

2. 按经济阈值施药　经济阈值是指有害生物达到对被害作物造成经济允许损失水平时的临界密度。在此密度时应采取控制措施，以防止有害生物种群继续发展而达到经济为害水平。在有害生物密度过低或过高时，应综合考虑经济效益和环境因素确定是否用药防治。

3. 适时挑治　所谓"挑治"就是选择有病虫害的植株，进行药剂防治，是减轻生产成本、提高经济效益的有效措施，也相对有益于生态平衡、保护天敌。

在果园内发生量小，传播速度慢的害虫可采用挑治，如尺蠖、金龟甲、蚜虫、天牛等。苹果腐烂病等枝干病害，一旦发生应立即刮除病斑，并及时涂药，针对个别发病较重的果树应补充营养，提高树势，增强抗病能力；果树根腐病等根部病害一旦发生，应及时用高浓度杀菌剂进行灌根治疗，或拔除病树，防止病原菌传播。

4. 药剂选择　防治果园病虫尽可能选择专性杀虫、杀菌剂，少使用广谱性农药。同时要考虑病虫种类和危害方式等，如防治咀嚼式口器害虫选择胃毒杀虫剂，刺吸式口器害虫选择内吸性杀虫剂。另外，应根据果品生产要求选择用药，如严格按照无公害、绿色和有机食品生产标准规范使用农药。

5.合理施药

(1) **药械选择**　根据树体大小合理选择施药器械。

(2) **农药选择**　选择杀灭率高、对天敌又相对安全的农药种类。

(3) **用药时期**　把握病虫防治的关键时期。

(4) **施用方法**　树体全面施药，重点部位要适当细喷。

(5) **避免药害**　注意避免药害，选择果树安全阶段用药。

(6) **延缓病虫抗性**　病虫的防治不一定要赶尽杀绝，尽量避免随意提高用药浓度和频繁施药，以降低病虫抗药性产生的速度。

(7) **合理混用**　混用农药时不应让其有效成分发生化学变化。如酸碱性农药不能混用；不能破坏药剂的药理性能，如两种可湿性粉剂混用，则要求仍具有良好的悬浮率及湿润性、展着性能；必须确保混用后不产生药害等副作用；要保证混用后的安全性，农药混用后要确保不增加毒素，对人畜要绝对安全；混用品种间的搭配，成本要合理；要明确各种有效成分单剂使用范围之间的关系，混用农药品种要求具有不同的作用方式和兼治不同的对象，以达到扩大防治范围、增强防治效果的目的。混剂使用后，果品的农药残留量还应低于单用药剂。

(8) **均匀施药**　有条件的果园，使用工效更高、雾化效果更好的弥雾机进行施药（图181）。使用普通高压高射程喷头喷药时，应随时摆动喷枪，喷药时尽量成雾状，叶面附药均匀，保证叶片和果实的最大持药量，减少药液损失，喷药范围应互相衔接，不得出现喷不到的地方，着重喷叶背面，合理混加增效剂或展着剂。

图181　弥雾式喷药机